神秘莫测的气象
大千世界

姜永育　著

河北出版传媒集团　河北少年儿童出版社

图书在版编目 (CIP) 数据

大千世界 / 姜永育著． — 石家庄：河北少年儿童
出版社，2023.2
（神秘莫测的气象）
ISBN 978-7-5595-5467-3

Ⅰ．①大… Ⅱ．①姜… Ⅲ．①气象学－儿童读物
Ⅳ．① P4-49

中国版本图书馆 CIP 数据核字（2022）第 246532 号

神秘莫测的气象

大千世界

DAQIAN SHIJIE

姜永育　著

策　　划	段建军　翁永良　赵玲玲	
责任编辑	贾东辉　杨　婧	特约编辑　姚　敬
美术编辑	牛亚卓	装帧设计　杨　元

出　　版　河北出版传媒集团　河北少年儿童出版社
　　　　　（石家庄市桥西区普惠路 6 号　邮政编码：050020）
发　　行　全国新华书店
印　　刷　鸿博睿特（天津）印刷科技有限公司
开　　本　787 mm×1 092 mm　1/16
印　　张　8
版　　次　2023 年 2 月第 1 版
印　　次　2023 年 2 月第 1 次印刷
书　　号　ISBN 978-7-5595-5467-3
定　　价　28.00 元

版权所有，侵权必究。
若发现缺页、错页、倒装等印刷质量问题，可直接向本社调换。
电话（传真）：010-87653015

序 言

翻开姜永育撰写的"神秘莫测的气象"丛书，眼前不由一亮：这是一套值得称赞的好书！

在津津有味的阅读中，一个个与气象有关的奇异、费解之谜，在作者的娓娓讲述下，令人时而疑惑、时而紧张、时而畅快、时而大悟，读者被激发出强烈的好奇心和探索的欲望，不忍释卷。

气象是大气物理状态与物理现象的统称。神秘莫测的气象，从远古时代就影响着人们的生产和生活。时至今日，千变万化的气象现象仍然充满了神秘、诡异的色彩。

这套书不但系统讲述了风、云、雨、雪、霜、露、虹、晕、闪电、雷、雾霾等气象的基础知识，而且揭开了许多与气象有关的奇异之谜。如《揭开阴阳云的奥秘》《"魔鬼雨"只在天上飘》《神秘的猎塔湖"水怪"》《晴空霹雳》《大海"沸腾"之谜》《神秘的飞碟云》《罕见的"六月雪"》等篇章，作者在写作中讲故事、引传说，再用科学理论逐一解释相关现象，既满足了人们的探秘渴求，又最大限度地传播了气象科学知识，十分适合广大小读者阅读。

纵观这套书，有四个鲜明的特点：

第一，书中蕴含的科学知识非常丰富，且具有很强的权威性。作者是一名有近三十年气象工作经历的资深气象研究者，先后当过气象观测员、天气预报员、气象新闻记者、气象科普管理者，其气象理论和实践知识过硬，且在业内享有很高的声誉。

第二，写作手法别具一格，将气象知识普及和探索揭秘相结合，引人入胜。作者长期写悬疑推理小说，他把此写作手法也运用到了这套书的撰写中，开篇设置悬念，然后像层层剥开春笋一般，慢慢揭开谜底，令人拍案叫绝。

比如《千年古井"呼风唤雨"》一文中，开篇描写千年古井"常年被石板盖着，'板揭即雨，板盖雨停'，人们为了免遭雨淋，不敢轻易揭开井盖"，然后写早期的县志记载和村民们的遭遇，接下来是关于古井的神话传说和一些猜测，最后是气象学家的科学解释，逐步揭开谜团。整篇文章可以说是一部微型悬疑推理小说，情节生动，环环相扣，给人阅读的乐趣和快感。

第三，防灾避险知识丰富，具有很强的教育意义。在如今全球气候变暖的大背景下，暴雨洪涝、高温、大风、雷电、雾霾、寒潮等气象灾害越来越频繁，这套书的出版可以说非常及时。书中包含了丰富的防灾避险知识，有些还是作者亲历灾害现场调查采访之后，归纳、总结出来的实践经验。作者曾到川西高山地区采访过频繁遭受雷灾的村子，也参与过暴雨洪涝、低温雨雪冰冻、高温干旱、大风、冰雹等气象灾害现场的调查，他掌握的第一手现场资料和相关防灾知识，对人们提高防灾避险能力大有裨益。

第四，文笔优美，雅俗共赏。这套书用通俗易懂的语言，解释深奥的科学知识，不妄加推断，有理有据，并配有大量生动形象的图片，直观展示各种气象现象。此外，书中引用了大量神话传说故事，表达了善良人们的美好愿望。可以说，这是一套有血、有肉、有骨、有情的科普图书。

　　姜永育从 20 世纪 90 年代开始科普写作，至今快三十年了。我相信，这套凝聚了他从事科普创作数十年的心血之作必将受到广大读者的喜爱！在此，我祝愿他在科普创作的路上取得更多的成绩！

董仁威

知名科普作家，四川省科普作家协会名誉理事长

目 录

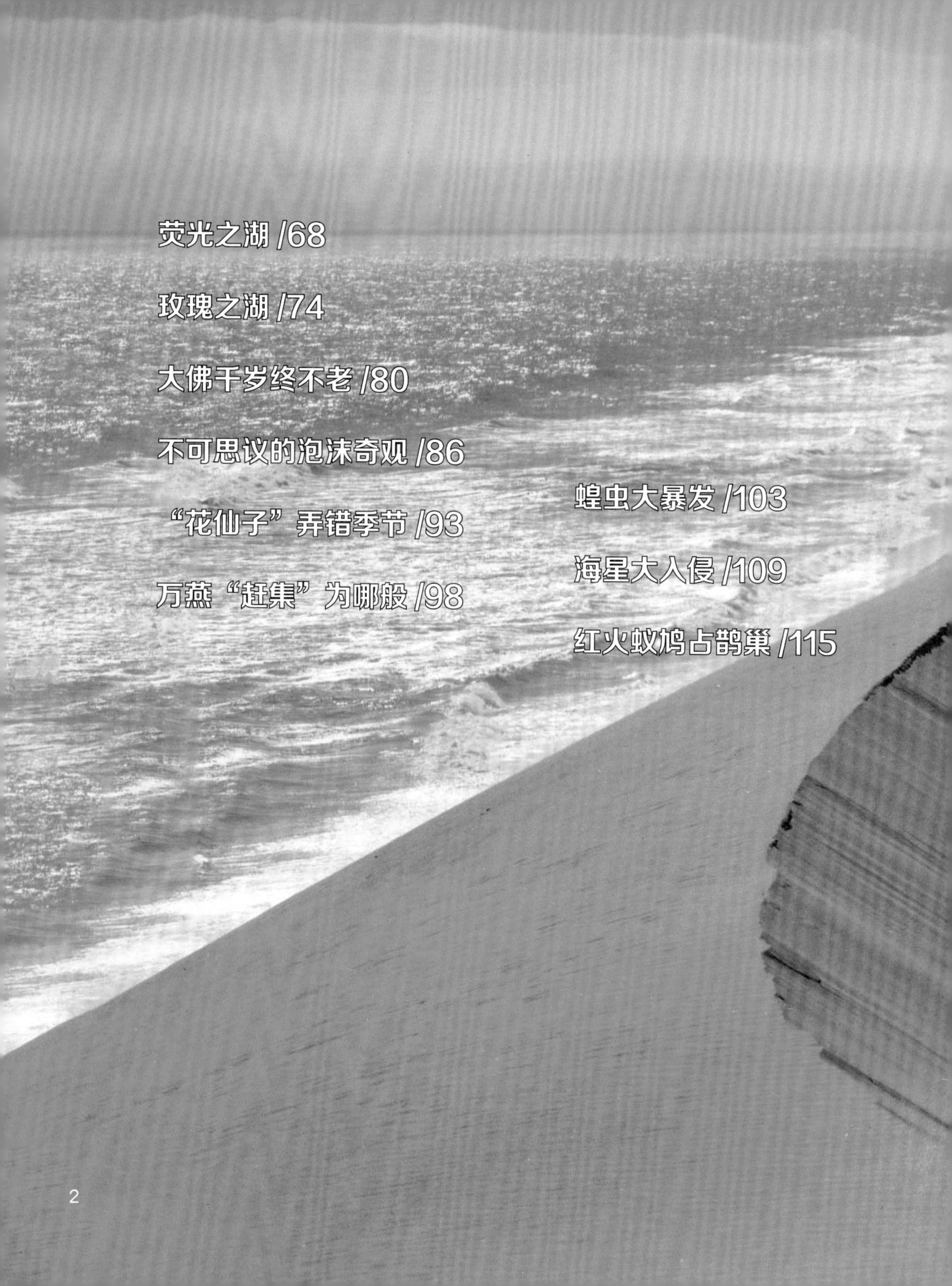

鱼儿畅游沙漠

　　大千世界，无奇不有。追根溯源，许多奇异现象都与气象有密切关系，甚至有些奇异现象就是气象因素造成的。

　　下面，咱们首先讲述的是一片神奇的沙漠，那里有上千个湖泊镶嵌在巨大的沙丘之间，一群群鱼儿在湖泊里游来游去，让人既感到惊讶，又有一种梦幻般的感觉。

镶嵌在沙丘之间的湖泊

寸草不生的沙漠

　　这片神奇的沙漠位于南美洲的巴西马拉尼昂州境内，名叫拉克依斯·马拉赫塞斯沙漠。它靠近大海，白色的沙丘从海岸边向内陆扩展，一直延伸了50千米。从空中俯瞰，连绵起伏的沙丘有的仿佛长长的白色飘带，有的又好似晾晒在海边的巨大白色床单。

　　众所周知，巴西的热带雨林面积居全球第一，淡水资源丰富，可以

寸草不生的沙漠

2

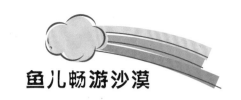

说是全世界最潮湿和多雨的国家之一。而拉克依斯·马拉赫塞斯沙漠附近是海洋和热带雨林，茂密的雨林潮湿多雨，对周边的环境影响很大。严格地说，拉克依斯·马拉赫塞斯沙漠并不是真正的沙漠。因为按照一般沙漠的定义，沙漠的地面是完全被流沙所覆盖的，而且年降水量稀少，气候干燥，但是拉克依斯·马拉赫塞斯沙漠中的降水量却高得惊人——年平均降水量约为 1 600 毫米，几乎是撒哈拉沙漠的 300 倍！

但奇怪的是，拉克依斯·马拉赫塞斯沙漠却和其他干旱的沙漠一样寸草不生，让人感觉十分怪异。

神奇的沙漠湖泊

丰沛的降水量，为何没有把这片沙漠变成雨林呢？

原因就在于拉克依斯·马拉赫塞斯沙漠中那些看上去白得耀眼的沙子。这些沙子原本是一些白色的石头，它们在河水和海水长年累月的冲刷下，逐渐变成了沙粒，并被大风吹到这里"定居"下来。

据科学考察，这种沙粒十分粗糙，几乎没有保水性能，也无法提供营养，所以虽然这片沙漠的降雨丰沛，但植物都不能在这里"安家"，即使有鸟儿将植物种子偶然遗落在此，这些种子也无法萌发。

拉克依斯·马拉赫塞斯沙漠虽然寸草不生，但不可思议的是，每当雨季来临，在一座座沙丘之间，都会出现一个个蓝色的湖泊。这些湖泊

有大有小，大的有 90 多米长、近 3 米深，小的也有 10 多米长、1 米多深。

据统计，这样大大小小的湖泊有近千个，它们与白色的沙丘交错，远远看去，蓝白相间，淡雅素洁，仿佛一幅油画。有时一阵风吹过，沙粒四处飞舞，湖面碧波荡漾。白色的沙、蓝色的水，让人不知道是置身在沙漠之中，还是身处海边的沙滩之上。

▶▶▶ 千湖形成之谜

拉克依斯·马拉赫塞斯沙漠中这些湖泊是如何形成的呢？

其实，这是上天赐予大地的礼物。每年雨季一到，拉克依斯·马拉赫塞斯沙漠就会像周围的热带雨林一样，经常被大雨笼罩。短短数月内，从天倾泻而下的雨水很快便填满了沙丘之间的空隙，于是一个个美丽的蓝色湖泊便出现了。

由于阳光炽烈，湖水蒸发旺盛，所以这些蓝色的湖都是咸水湖，湖水又苦又咸。不过，在这些湖里，你可以看到一群群银白色的鱼儿游来游去，如果运气好的话，还可以看到笨头笨脑的龟，以及在湖边晒太阳的蚌。

除了鱼儿，沙丘里还居住着人类。沙丘中有两座小绿洲，绿洲中有小小的村庄，大概 90 个当地人住在这里。他们住在棕榈叶为房顶的土屋中，与沙丘一样，随季节的不同改变着自己的生活轨迹。旱季里，村民

沙漠中的咸水湖

们从沙丘附近的海滨旱化森林中采集毛瑞榈和巴西棕榈的纤维，同时，他们养鸡、牛和羊，种植木薯、大豆和腰果。雨季来临后就难以种植作物了，村民们便前往海边，住在海滩上的渔棚里，靠捕鱼为生。

鱼儿来自何方

沙漠里的蓝色湖泊虽然美丽，但它们就像匆匆过客，来得快，去得也快。

每年雨季结束之后，可怕的旱季便会随之来临。这时，在炽烈的阳光、高温和热风的共同作用下，湖泊里的水被一点儿一点儿地蒸发掉，水位下降得很快，没多久，这些美丽的湖泊便逐渐"瘦身"，直至完全干涸。

一些湖泊干涸之后，原本生活在里面的鱼儿、乌龟和蚌便神秘消失了。直到第二年雨季来临，湖泊重新出现时，这些可爱的动物才又出现在湖水中。它们就像从没离开过一样，让人感到十分神奇。

这些鱼儿来自何方？它们又是如何在湖水干涸的情况下"传宗接代"的呢？

雨季来临时，湖泊一个接一个在拉克依斯·马拉赫塞斯沙漠中出现。每年7月，当地的雨量通常会达到最大，持续的暴雨使得沙漠旁边的内格罗河河水猛涨。河水漫进沙漠，将一个个湖泊连成一片汪洋。于是，河中的鱼儿和龟、蚌一起，随着河水游进了湖泊中。河水退去后，它们来不及退走，只得在湖中"定居"下来。在湖中，它们以水生生物、浮游生物或沙中的昆虫幼体为食。

不过，根据科学家观察，除了每年内格罗河定期"输送"的鱼儿外，这些湖泊中还有一些鱼儿从没离开过，它们凭借超凡的本领躲避炎热和干涸。如一种南美牙鱼，就能在旱季来临时钻入沙丘下面的泥浆之中"冬眠"，等到雨季来临时，它们再钻出来"生儿育女"。而更多的鱼儿则是凭借"野火烧不尽，春风吹又生"的本领适应严酷的大自然——旱季

鱼儿畅游沙漠

来临之前，它们会产下很多卵，并把这些卵深深埋到沙子下面，来年雨季一到，湖水重新充盈时，卵便孵化出小鱼，这里又是一片生机盎然。尽管成年的鱼儿会在旱季时因缺水而死亡，但无碍它们后代的繁衍。

大象觅食沙海

　　炎炎烈日下，一群大象踩着滚烫的沙土行走在茫茫沙海中。它们已经在沙漠中走了很久，领头的大象一边行走，一边用长鼻子嗅来嗅去。

　　这群大象是迷路了吗？当然没有，它们是在自己的家园寻找食物和水呢。这听上去似乎不可思议，但在非洲的纳米布沙漠，大象确实世世代代生活在那里，它们也是地球上唯一生活在沙漠里的象群。

纳米布沙漠

与大海为邻的沙漠

纳米布沙漠位于非洲的西南部，它沿着大西洋海岸分布，区域狭长，南北长约 1 300 千米，宽 80～130 千米。这里黄沙漫漫，沙丘重重，有的沙丘高达 300 米，甚至可以与一座小山岗相媲美。

尽管纳米布沙漠濒临浩瀚的大海，但没有得到大海的"恩惠"，这里气候干燥，年降水量一般不到 50 毫米。由于极度干旱，这片区域一直以来便是令人望而生畏的沙漠。来到这里的人们，往往会被眼前的景象惊呆——面前是漫无涯际的大西洋，海面上碧波翻卷，涛声阵阵；身后却是一望无际的沙漠，黄沙漫天，阳光炽烈。

为什么纳米布沙漠的气候如此干燥呢？

原来，纳米布沙漠的干旱气候主要是季风造成的。这个地区主要被两股强大的季风控制，一股季风来自非洲大陆东边的印度洋，这是纳米布沙漠地区的"常客"，很多时候，这里都处于它的控制之下，这股季风带来的不是雨水，而是干热风；另一股季风来自大西洋，它凉爽而潮湿，但在纳米布沙漠却是匆匆过客，而且这股季风也十分"吝啬"，它的到来只能使纳米布沙漠地区降下稀少的雨水。偶尔，纳米布沙漠里也会骤然降下短暂的暴雨，但之后就可能会迎来全年滴雨不下的景象。

在如此干旱的地方，大象生存所需的食物——植物是如何生长的呢？

植物"取水"的绝招

　　大象是食草动物,一只成年象一天需要吃掉200多千克的食物。不过,尽管大象的食量很大,但纳米布沙漠中生长的植物还是可以满足它们需要的。除了大象,纳米布沙漠里还生活着多种小动物。

　　其实,纳米布沙漠的有些区域并不像我们想象的那么荒凉。除了部分区域寸草不生外,还有不少地方生长着各种各样的植物。比如,在靠近海岸的地方,沙地里会长出很多肉质的植物;在一些沙地上,出乎意料地长满了繁茂的灌木丛和高高的青草;在一些较大的干涸河道旁,还

纳米布沙漠里的植被

会有金合欢树等树木出现。在难得一遇的降雨天气之后，一些荒芜的沙地上，还会在一夜之间长出小草来呢。这些植物都可以被大象取食。

那么，植物生长所需的水从何而来呢？

纳米布沙漠地区虽然降雨极其稀少，特别是沿海一带降雨更少，但海洋上的空气十分潮湿，近海面的空气湿度经常达到或接近饱和。夜晚，寒冷的洋流沿着海岸向北缓缓流动，饱和的湿润空气一旦遇冷，就会凝结形成雾。因此，夜晚沙漠里经常大雾弥漫，每隔几天就会有大雾从海洋上被风吹入纳米布沙漠地区。有时，雾气还会深入到内陆地区，大雾挟带的水分，甚至比雨水还要多。

沙漠中的雾气

长期生长在干旱环境中的植物，早已学会了从雾中吸取水分。它们伸展叶子，让雾气凝结的水珠附着在叶片上，当水珠足够多时，就会缓缓流向植物的根部。如在凯塞布干河以北的砾石平原上，生长着一种特殊的植物，名叫千岁兰，它们可以在这种干旱的环境中存活上千年，生长所需要的水分，全靠两片皮革般的带状叶子从雾气中获取。

其实不只是植物，许多在纳米布沙漠里生活的昆虫和其他小型动物，也能够从雾中获取生命之水。如纳米布沙漠里的一种甲虫会在清晨爬上沙丘，跷起后腿，使背部的甲壳迎着风来的方向，它们把头俯得很低，这样雾气就会在它们的身上凝结，并凝聚成水珠沿着甲壳上的沟槽流到它们的嘴里。

不过，对胃口极大的大象来说，大雾带来的水汽显然远远不能满足它们的生存所需。

大象找水的秘密

大象对水的需求量非常大，一般一头大象平均每天要喝100升以上的水，大象还十分喜欢在水里洗澡、嬉戏。不过，生活在纳米布沙漠里的象群想要喝一口水都是无比艰难的，在水里洗澡就更是一种奢望了。没有水，纳米布沙漠里的大象怎么生存呢？

应对这种严酷的生存环境，生活在纳米布沙漠的大象有两个"特长"。

象群穿越沙漠

　　第一个特长当然是找水的本领。在沙漠里，找不到水就意味着死亡，可是，水在哪里呢？

　　沙漠里的地表水极少，大象要喝水，只能找地下水。每年，沙漠里降下的那点儿可怜的雨水，除了蒸发，大部分都顺着沙粒之间的缝隙钻到了地下。要想找到这些救命的地下水，必须有很好的嗅觉。纳米布沙漠里的大象嗅觉都十分出众，它们可以根据地面的情况，嗅到沙土下面的水汽。确定水源后，大象便用长长的鼻子打洞，直到找到水为止。

　　此外，领头的大象还有惊人的记忆力，它可以凭借记忆带领象群找到曾经喝过水的地方。

第二个特长便是耐渴的本领。在沙漠里行走，一连几天喝不到水是常事。为了抵御干渴，它们学会了骆驼的"看家本领"，就是在水草丰盛的地方，便大吃特吃，以备饥渴时消耗。因此，这些大象在沙漠中可以连续三四天滴水不进。

天鹅眷恋大漠

　　古往今来，天鹅都是美丽、纯真与善良的化身。有时，这种高贵的禽鸟也会对沙漠眷恋不已，每年的春秋季节，许多天鹅都会到沙漠里去"度假"。

　　这片沙漠便是腾格里沙漠。美丽的天鹅为何眷恋这片寸草不生的土地呢？

腾格里沙漠

腾格里沙漠的形成

腾格里沙漠介于贺兰山与雅布赖山之间，它的大部分在内蒙古，小部分在甘肃省。"腾格里"是蒙古语，它有"主宰万物的长生天""美好的地方""天空一样的浩渺"等多种含义。

这片广袤的沙漠面积约 4.27 万平方千米，其中沙丘面积占 71%。这些沙丘大都是流动沙丘，高度一般为 10～20 米，在大风的吹拂下，它们非常喜欢"捉迷藏"，今天在这儿，明天在那儿，行踪诡异，飘忽不定。

腾格里沙漠是如何形成的呢？

据专家分析，主要有两方面的原因：一是干旱。由于腾格里沙漠所在的区域终年受干冷的西风环流控制，这里降水稀少，而蒸发量却大得吓人。夏天，这里的温度最高可达 39 ℃，在高温干旱的严酷气候条件下，植物难以生长，再加上较早以前，人们滥伐有限的树木，破坏植被，使地表失去了植物的覆盖，这为沙漠的形成埋下了隐患。

二是风。中国的西北地区一直风大、风多，大风吹来沙土，堆积在这片区域，天长日久便形成了沙漠。据专家考察，腾格里沙漠中的沙土基本都是被大风从远处刮来的。

令人不可思议的是，这片沙漠内却分布着大小湖泊 420 多个，在蒸发量远远大于降水量的沙漠里，这些湖泊为什么不会干涸呢？经专家

勘探发现，湖泊中都有泉眼，可以源源不断往外涌水，使得湖泊内生机勃勃。

在这些湖泊之中，有一处天鹅最喜欢去的"度假胜地"，它就是有"腾格里沙漠眼睛"之称的天鹅湖。

腾格里沙漠中的湖泊

天鹅湖的传说

每年的春秋季节，都能看到这个湖里有许多天鹅，它们引颈高歌，翩翩起舞。

天鹅湖地处腾格里沙漠的东部边缘，四周沙丘起伏，而天鹅湖就像

婴儿一般，安详、自然地躺在沙丘之间。天鹅湖是一个天然淡水湖，湖水碧波荡漾，清澈见底，湖的周围长着成片的马莲草。

每年三四月，春回大地，艳阳高照，天鹅湖畔的马莲草竞相开放，浓香扑鼻。此时，成千上万的鸟儿飞来了，它们中有舞姿翩翩的天鹅，有嘎嘎叫的野鸭……此情此景，你很难想象这是大漠中的景象。

关于天鹅湖的来历，当地流传着一个美丽的神话传说。

很早以前，腾格里沙漠边缘的山里，住着一位年轻的猎人。有一天，猎人到山上打猎时，发现一只火红色的狐狸叼着一只白天鹅，从他面前飞快地跑了过去。猎人连射几箭，都被狐狸躲了过去。猎人一路追赶，狐狸为了逃避追击，一头跑进了荒无人烟的沙漠里。猎人犹豫了一下，但还是不忍白天鹅凄厉的叫声，于是他紧跟着狐狸追进了沙漠。

一连追了三天三夜，猎人终于追上了狐狸。他杀死狐狸，救下了白天鹅，并将它带回家里治伤。不久后，白天鹅伤愈离开，它飞到沙漠的上空，回头望着猎人，流下了依依不舍的泪珠。这些泪珠汇聚成湖水，便形成了今天的天鹅湖。每年的春秋季节，白天鹅都会带着自己的家人来探望猎人，并在湖里玩耍嬉戏。

当然，这只是传说而已。其实，腾格里沙漠中的天鹅湖与其他的湖泊一样，都是远古时代遗留下来的残留湖。千万年前，腾格里沙漠所在的地区还是海洋的一部分，后来海洋消失，露出陆地，在气候变化的影响下，这里逐渐变成了沙漠。不过，一些地方由于有地下泉眼，湖泊得

以存留下来。

天鹅"度假村"

天鹅湖可以说是天鹅们的驿站，也可以说是它们的"度假村"。每年的 3 月底至 4 月初，天鹅们来到湖中栖息，到了 5 月，它们的"假期"结束，便消失得无影无踪了。待到 9 月秋高气爽时，天鹅们又会成群结队地回到这里"度假"，然后一个月之后，它们又会离开。

腾格里沙漠中的这个湖泊为何成了天鹅的"度假村"呢？

天鹅是一种候鸟，它们喜欢群栖在湖泊和沼泽地带。每年三四月间，天鹅成群结队地从南方飞向北方"生儿育女"，一般

天鹅

来说，雌天鹅会在 5 月产卵繁殖后代。而一过 9 月，天鹅便会结队南迁，到南方气候较温暖的地方越冬。

从腾格里沙漠所处的位置来说，这个地方正好处于天鹅南来北往的中转线上。春天，天鹅从南方飞回北方栖息地时，路过天鹅湖，便降落下来短暂休息一段时间，然后它们就会离开天鹅湖，飞到纬度更高的地方去。秋天，北方天气渐凉，天鹅开始南迁，它们飞到天鹅湖时，同样会降落下来休息一番，接着再继续南迁。

泉眼里喷出鱼儿来

在河北省涞水县野三坡风景区，有一口神奇的泉眼，从泉眼里涌出的水清冽甘甜，含有多种对人体有益的矿物质。更神奇的是，每年"谷雨"节气前后，这口泉眼中就会喷出大量鱼儿。

泉眼里为何有鱼儿？它们为什么会从泉眼中喷出呢？

▶▶▶ 神奇的喷鱼泉

野三坡是河北省有名的风景区，这里植被繁茂，山花烂漫，地下泉眼很多，随处可见清澈的泉水涌出来，汇成小溪流淌。野三坡最著名的泉眼有四个：鱼谷泉、神鱼泉、神洞泉、神天泉。这四个泉眼中，又以鱼谷泉最为有名，因为这个泉眼会往外喷鱼。

鱼谷泉，又叫鱼古洞泉，它的泉眼口有水桶般粗细，站在泉边，只见泉水从一个形似乌龟头的地方涌出来，白亮亮的水花流进水潭中。潭水清澈，里面的一块块石头清晰可见。泉水清冽，入口有一股甘甜的味道。据专家测定，泉水中含有多种对人体有益的矿物质，可以说，这里的泉水就是最好的矿泉水。

鱼谷泉

　　仅从泉水来看，鱼谷泉算不上神奇，不过，每年的"谷雨"节气前后，这口泉便显示出了它神奇的一面——喷鱼。通常会先看到零星的几条鱼儿从泉眼中涌出，不一会儿，泉眼中涌出的鱼儿越来越多，它们拍打着水花挤出来，大鱼蹦，小鱼跳，鱼儿们争先恐后地跃出，然后落在水潭中。在阳光的照耀下，鱼儿雪白的肚腹闪闪发亮。此时再看水潭中，密密麻麻游动着很多鱼儿，令人感觉十分奇异。

　　从泉眼中喷出的鱼儿，黑背白肚，肉味鲜美，鱼骨坚硬，被当地人称为石口鱼。据说，多的时候鱼谷泉竟能喷出数百到数千千克鱼儿。

泉眼里喷出鱼儿来

别有洞天的鱼谷洞

那么，这些鱼儿来自何方呢？

咱们循着泉水涌出的方向去找一找。通过寻找会发现，与鱼谷泉相通的是一个叫作鱼谷洞的洞穴，也就是说，鱼谷洞就是泉水的源头。

鱼谷洞的洞口位于野三坡风景区的半山腰上，已经探明的长度有1 800多米，几乎穿过了整座山。这个洞穴一共有5层，里面有千姿百态的钟乳石、石笋、石柱等，洞底还有石花、云盆等地质遗迹景观。鱼谷洞中有一条若隐若现的地下河，河水在洞中各处静静流淌，鱼谷泉的泉眼就是这条地下河的一个出口，因此可以肯定，鱼谷泉喷出的鱼儿，就来自这个洞穴的地下河中。

不过，平常时候在鱼谷洞内是看不到鱼儿的，这是为什么呢？因为鱼谷洞的结构十分复杂，大大小小的洞穴特别多，而地下河隐藏在深黑的洞穴中，鱼儿们得以在这里藏身，所以在洞中根本看不到它们的影子。

你可能会问：洞穴中食物匮乏，这么多鱼儿靠吃什么维生呢？是呀，洞穴中的水一般都很清澈，俗话说"水至清则无鱼"，没有食物，鱼儿别说生长，连生存下来都不太可能。鱼谷洞内的这些鱼儿到底是怎么生存的呢？

鱼谷洞的传说

据民间传说，远古时候的野三坡一带，有一年遭遇了大旱，数月滴雨不下，玉帝命南海龙王的三太子前去野三坡降雨解旱。三太子飞到这里兴云布雨时，见人们受到旱情折磨，民不聊生，不禁动了恻隐之心，于是多降了一点儿雨。玉帝知道后勃然大怒，立即命天兵天将把三太子拿下，关押在鱼谷洞里受罚。三太子的部下——鱼兵们不忍离开主人，于是也跟着来到了这里。

虽然这个故事只是传说，但鱼谷洞里的鱼儿确实大有来历。据专家考察，这种鱼儿叫作多鳞铲颌鱼，只产于海河、渭河、淮河及长江上游等水域。在野三坡一带，有一条河叫作拒马河，这条河长年奔流不息，而它正是海河上游的主要支流。据分析，鱼谷洞内的地下河很可能是与拒马河连在一起的，它在某个地方与拒马河相连，于是河中的鱼儿便顺着河道游到洞中来了。

不过，它们又为何要在"谷雨"时节，从那个窄小的泉眼里喷出来呢？

喷鱼的秘密

原来，鱼谷洞内的地下河由于受气候的影响不大，水温变化不明显，

因此有冬暖夏凉的特点，冬天不管外面多么寒冷，洞内的水温始终能保持在 10 ℃以上，这就为鱼儿们提供了一个绝佳的庇护所。当冬天来临，外面的气温剧烈下降时，多鳞铲颌鱼便顺着河道游到洞中来避寒，因此洞中的地下河中就聚集了大量鱼儿。

来年春天，天气好转，气温开始回升，特别是到了"谷雨"时节的前后，春江水暖，正是鱼儿觅食繁殖的好季节，于是洞内地下河中的鱼儿便集体游出来活动，它们中的一部分会重新游回河里，而另一部分则会顺着通道一直游到泉眼的出口，最终从泉口喷了出来。

野三坡鱼谷泉的喷鱼现象比较罕见，这一奇观与它所处的生态环境密切相关。20 世纪 90 年代，鱼谷洞内地下河的水位下降得比较多，喷鱼奇观从此消失。进入 21 世纪后，当地加大力度保护生态环境，景区森林覆盖率和水土保持率逐年上升，鱼谷洞内河流的水位也在逐年上升，于是在时隔多年后，鱼谷泉再现喷鱼景观——这一事例说明，生态环境的保护对整个自然界都具有至关重要的作用。

"三眼怪物"玩穿越

它们长着三只眼睛，看上去既像虾又像鱼，模样十分丑陋，甚至还有一点点恐怖。这种怪异的生物似乎只会出现在科幻片中，然而，在四川成都的彭州市的一处水田里，这种"三眼怪物"却年年如约而至，让人感到神秘而又诡异。

这些"怪物"究竟是何方神圣呢？咱们一起到彭州市去看看吧。

奇特的"三眼怪物"

彭州市是成都市下辖的一个县级市，地处成都平原与龙门山的过渡地带，这里气候温和，雨量充沛，十分适宜种植水稻。

"三眼怪物"便出现在彭州市来寿村的一处水田里。有一年夏季的一天，该村下过一场暴雨后，一个年轻的村民到自家稻田里去拔杂草。当时田里的水很多，他突然发现有什么东西在水里游来游去。

"难道是有鱼在游动？"这个村民蹲下身子用手去捉，然而那些家伙游动得很快，十分灵活。费了九牛二虎之力，他好不容易逮到一条，捧出水面一看，天哪，手中的这个家伙似鱼非鱼，似虾非虾，看上去十

分奇特。

"大家快来看'三眼怪物'呀！"这个村民的喊声引来了附近的人。大家聚拢来一看，只见他手中的小家伙长相十分怪异：它有六七厘米长，身体呈椭圆形，顶着个大背壳，上面长着三只圆溜溜的眼睛；腹部细长，柔软灵活，长长的尾巴呈叉状。

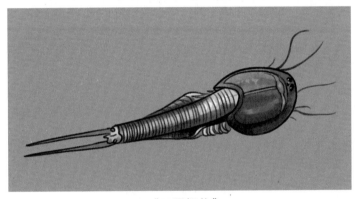

"三眼怪物"

"三眼怪物"的出现，在村庄里掀起了波澜，人们纷纷猜测这些怪物的身世，而小孩们则把这些家伙从水田中舀出来玩耍，有的还把它们当成宠物喂养。

那么，这种"三眼怪物"究竟是什么呢？这个村民的父亲称，他较早以前便看见过这些小东西——2008年汶川大地震发生后没多久，他就发现自家水稻田里有东西游动，抓起来一看，吓得赶紧扔掉了。奇怪的是，每当水田干涸后，这些生物就不见了；而一旦田里灌满了水，它们又会神奇地出现。

"三眼怪物"难道是汶川大地震带来的生物吗？对此专家给予了否定。首先，这些生物的身份并不清楚，没有证据表明它们来自地底下；其次，汶川大地震的范围很广，如果说它们是地震带来的，那为何其他地方的水田里没有这种怪物出现呢？

来自恐龙时代的生物

为了弄清"三眼怪物"的真实身份，专家经过广泛查阅资料，认为这些家伙与恐龙时代的一种动物——三眼恐龙虾十分相似。

三眼恐龙虾是一种甲壳动物，它长着三只眼睛，其中两侧黑色的是复眼，中间还有一只白色的能感光的眼睛。这些小家伙是远古时代恐龙时期的生物，又因为长着三只眼睛，所以被人们称为三眼恐龙虾。

三眼恐龙虾为何可以繁衍至今呢？虽然这些家伙的存活周期只有短短的 90 天左右，但是它们的滞育期至少长达 25 年，也就是说，三眼恐龙虾的卵可以休眠 25 年而不会死，当遇上适宜的环境就会孵化。正是凭借这超凡脱俗的本领，三眼恐龙虾得以繁衍至今，不过，在漫长的生命旅程中，它们却几乎没有进化，依旧保留了原始的长相。

三眼恐龙虾如今只在地球的个别地区生存，由于它们是远古物种，因此也被视为见证恐龙时代的"活化石"生物。

恐龙虾的穿越之旅

那么，彭州这户人家水田中的这些三眼恐龙虾是从哪里来的呢？为何周围的水田中都没有它们的身影呢？

三眼恐龙虾多生活于天然的池塘中，但池塘里的水可能会在旱季干涸消失，三眼恐龙虾成虫因为缺乏水分而干死，但是它们的卵会在下一个雨季来临时，受到雨水的滋润而立即孵化。有人因此推测：彭州地区过去应该有三眼恐龙虾生存，但很可能因为发生过大旱后，当地人填塘造田，将卵埋在了土壤深处。2008 年，埋在这块水田地下的卵在地震造成的震动下，钻出土壤后迅速孵化，从而出现了怪虫事件。也许以后，埋在其他水田土壤中的卵也会出现并大量繁殖。

其他地方是否真的会出现三眼恐龙虾，尚有待考察，不过专家指出，三眼恐龙虾虽然模样丑陋，不讨人喜欢，但它们却是农民的福星。因为水田里有了它们后，就不用担心杂草了，三眼恐龙虾会将杂草吃掉而不会伤害稻谷，是十分环保的"除草剂"。

千年古井会喷乳

什么，古井内会喷出乳汁？

没错，在广西壮族自治区桂平市有一口神奇的古井，井内有时会喷出乳汁一般莹白的井水，用这种井水泡的茶格外清香可口，堪称当地一绝，人们称这口古井为乳泉井。

▶▶▶ 一口神奇的古井

这口井位于广西桂平市的西山景区内，这里植被良好，树木茂密。在景区龙华寺右侧的一块突出的山崖下，就是这口千年古井。井旁一块白色的石碑上面写着"乳泉"二字。在井的上方，立着一块牌子，用篆体书写的"乳泉古井"四个大字透露出一股神秘的气息。

走近古井，只见井口圆圆的，直径大约一米，往里看，井壁四周的石头呈灰褐色，上面长满了绿茸茸的苔藓，井里面的水十分清澈。据说，井水常年维持在一个水位，冬天从不枯竭，夏天也不会溢出，而且泉水温度一年四季保持在 25 ℃左右。据古书记载，此泉"冬不枯，夏不溢，清冽如杭州龙井，而甘美过之，时有汁喷出，白如乳，故名乳泉"。

乳泉古井

井内喷出"乳汁"来？

平时，乳泉井里的水清澈、透亮，与一般的井水并无两样，但当它喷乳时，水便会变得像新鲜的乳汁般白洁晶莹。

下面，咱们一起去看看古井如何喷乳的吧。仔细观察，只见井中先是冒出一股股乳白色的水柱，随后白色泡沫自下而上冲出水面，再散开在清水中，清水顿时变成乳白色，此时俯看井底，只见白色"乳汁"源

31

源不断地从井底潺潺溢出，如气雾状在井水中扩散，并形成一些美妙的图案——时而如乌龟壳的纹理，时而像树枝草叶……图案栩栩如生，瞬息万变。有时井水中的"乳汁"浓度很高，像凝乳般铺在井水中，令人惊奇万分。

喷乳现象可遇而不可求，它往往出现在暴雨之后，并且喷涌的时间都不会太长，一般持续 2～3 小时，之后白色乳状液体便会慢慢消失，井水又会恢复成原样，重又变得清澈起来。

据检测，乳泉井水中含有多种有益于人体健康的微量元素，用其泡茶，茶香，酿酒，酒醇，当地人因此长期用乳泉井水泡西山茶，泡出的茶特别清香，被称为西山一绝，而用乳泉井水酿制的乳泉酒，被称为"广西茅台"，特别醇厚甘美。此外，人们还用乳泉井水煲汤、煮粥等，据说煲煮出来的汤粥香气尤其浓郁，味道鲜美。

乳泉井的传说

古井喷乳的奥秘何在呢？在当地，流传着一个西山佛显圣的故事。

传说西山佛本是一个财主，由于他乐善好施，经常接济穷人，因此得到佛祖点化而成为菩萨。有一年，桂平大旱，数月滴雨不下，庄稼枯萎，人畜饮水困难。西山佛偶然到此，看到人间有难，于是化身为一个老者，在当地的一口枯井里作法，乳白色的甘泉从地下源源不断地涌出，从而

解救了一方百姓。为感谢他为人间送来甘露，当地人在这口井的旁边修建了寺庙供奉他。

古井喷乳的秘密

古井喷乳现象引发了人们的好奇和探索。有人认为"乳汁"是下大雨时，一种白色高岭土的细小颗粒被雨水冲刷后，溶解在水中，并流入井中形成的。不过，专家采集井水进行化验后，并没有发现高岭土的成分。

通过进一步考察，专家最终揭开了古井喷乳的真相。原来，井里喷出的"乳汁"乃是一种白色乳状的泡沫，这种泡沫是一种惰性气体——氡气形成的。氡气无色、无味，一般由镭、钍等放射性元素蜕变而成。专家指出，古井周围的地底下应该有含镭、钍的岩石，当地下了暴雨之后，由镭、钍蜕变而成的氡气就会随着地下水移动，当它们随地下水从泉眼中挤出来时，便形成了白色乳状泡沫，这就是乳泉喷乳的由来。由于每次出现喷乳现象都伴随着暴雨天气，从某种程度上讲，暴雨正是喷乳现象的诱因。

至于乳泉井水为什么会比较甘美，主要有两个原因：一是井水中的矿物质含量特别少，其含量约是一般江河水含量的7%，是适宜人们饮用的天然优质软水；二是井水中含天然氧特别多，每一百个小气泡中大约

有 85 个氧气泡,而普通江河水中仅有 15 个。这种天然氧能和茶、酒中的杂质发生化学反应,将杂质去除,所以用乳泉井水泡的茶特别香,用其酿的酒也特别醇。

巨菜疯长有奥秘

土豆如石头大小，豌豆和大豆的植株长得比人还高……这是生长在地球上的蔬菜吗？当然是啦，地球上确实有这样神奇的地方，那里的蔬菜长得特别大，人们称这样的地方为巨菜谷。

巨菜谷里的蔬菜为何如此与众不同？那里到底隐藏着什么惊人的秘密呢？

不可思议的菜园

这样神奇的地方，一个是美国阿拉斯加州安哥拉东北部的麦坦纳加山谷，一个是俄罗斯东部的萨哈林岛（库页岛），还有一个是印度尼西亚的苏门答腊岛。

如果你来到阿拉斯加州的麦坦纳加山谷，走进当地人的菜园，首先映入眼帘的是一棵棵"身高"近两米的大白菜，它们的"体重"普遍有近50千克。在体形硕大的大白菜旁边的卷心菜也足足有一人高，它们的叶子像大象耳朵一样大，中间卷起的菜心像个大沙包。卷心菜的旁边，是一片郁郁葱葱的"小树林"，仔细一看，原来是豌豆和大豆的植株，

它们长得如同小树那么高，从"树上"采摘下来几个豆角剥开，只见一粒粒豌豆或大豆如台球大小，煞是神奇。

巨型白菜

地上的蔬菜身躯庞大，那么长在地下的蔬菜又如何呢？瞧，那边正有人在挖掘土豆和萝卜。几个人费了九牛二虎之力，才将一个土豆从土里刨了出来。这家伙真大啊，它至少有 50 千克重，看上去像一块大石头。正当你因这个巨大的土豆而惊讶不已时，一根 20 多千克重的大白萝卜被挖了出来，它白白胖胖，又粗又大，真是人见人爱。

此外，巨菜谷中还有大如酒桶的冬瓜，1 米多长的葫芦，如足球大小的蒜头……总之，这里的所有蔬菜都非常大，令人十分惊异。

巨菜成因大猜想

巨菜谷里的蔬菜为何都长得如此巨大呢?

有人认为,这里的蔬菜都是特殊品种,因为和普通的蔬菜品种不同,所以它们才能长成罕见的巨菜。

为了揭开巨菜谷的奥秘,一些科学家特地到麦坦纳加山谷进行考察。他们经过研究认为:当地人种植的蔬菜品种,其实和普通的品种并无两样。为了证实这一结论,科学家分成两组,一组将巨菜谷的蔬菜移到其他地方栽植,结果不到两年,这些蔬菜便长得和当地普通蔬菜一样大小;另一组将其他地方种植的蔬菜种子带到巨菜谷种植,经过几代的繁衍后,这些普通的蔬菜就会长得出奇地高大,和巨菜谷里的蔬菜一样大了。

排除了蔬菜品种的特殊性,有人又提出,巨菜谷里的蔬菜长得巨大,是因为这里的日照时间长。日照时间长,光合作用就强,蔬菜的生长就会更加旺盛。从麦坦纳加山谷的地理纬度来看,它处于高纬度地带,夏季这里的日照时间比较长,确实对蔬菜的生长很有利。不过,相同纬度其他地方的蔬菜都长得很普通,并未见到如此巨大的同类蔬菜,因此这种说法也不正确。

还有人认为,巨菜谷的蔬菜可能是特殊气候造成的,夏天当地的昼夜温差较大,悬殊的昼夜温差对植物的生长十分有利。不过,这种说法

同样无法解释蔬菜疯长的奥秘。

巨菜与史前植物

巨菜谷中体形巨大的蔬菜，让人不禁联想到了史前植物。据分析，从距今 6 000 万年前的古近纪到距今 3.09 亿年前的石炭纪这段时期，是地球上植物生长最为繁盛的时期。那时的植物生长速度比现在快许多，而且它们的体形也要大得多。科学家分析，导致史前植物疯长的原因主要有三个：

第一个原因是重水含量低。重水正如它的名字一样，是一种存在于水中，密度比水大的化合物。一般来说，水中的重水含量越低，对植物和人体的毒害作用越小。史前年代的水系中，水中的重水含量非常低，因此对植物的生长非常有利。

第二个原因是放射性环境。现代科学已经证实，放射性元素的射线、宇宙射线及其他射线对植物生长有很大的刺激作用，如科学家将一些植物的种子随宇宙飞船送入太空，经过太空中的宇宙射线照射后再带回地球种植，有的植物品种的体形就会增大，产量成倍增加。而且在有铀、钍、镭等放射性元素矿藏的地方，植物也会长得特别旺盛。根据这些现象，科学家认为，史前时代地球上的放射性元素含量应该很高，发出的射线也很强，因此能刺激植物更快地生长，长得也非常大。

第三个原因是电场、磁场的影响。大自然中有一个有趣的现象，在雷电交加的日子，植物生长得特别快，原因在于在雷电的作用下，空间电场强度比平时高得多。科学家认为史前时代的地球上，雷电天气应该比现在多得多，而且磁场也比现在强，因此植物都长得很高大。

揭开巨菜生长的奥秘

那么，巨菜谷蔬菜的生长原理是否和史前时代的植物一样呢？

科学家研究发现，巨菜谷的地下深处土壤岩石中储存了重水含量非

巨大的南瓜

常低的水，这些水被源源不断输送到地面，或者是那里地下深处的土壤岩石有过滤重水的功能，所以重水含量非常低，对蔬菜等植物的生长十分有利。

另外，巨菜谷的地下还埋藏着含有放射性元素的矿藏，并且那里的地质构造、地形地貌等因素综合起来，形成了强电场和强磁场，对蔬菜的生长有很强的刺激作用。

可见，巨菜谷具有类似史前植物的生长环境，加上那里的阳光充足、温度适宜、空气湿润，天气、气候十分适合植物生长，这些优越的环境条件使得植物出现了返古现象，从而长成了令人惊讶的庞然大物。

震撼的大地艺术

　　壮观的梯田蜿蜒于千岭万壑之中，仿若大地轻轻漾起的涟漪，又好似上天精心绘制的画卷，美感十足又无比震撼。

　　这就是中国云南哈尼族人世世代代留下的杰作——哈尼梯田。有人曾赞叹："哈尼梯田是真正的大地艺术，是真正的大地雕塑！"

哈尼梯田

登天青云梯

哈尼梯田位于云南省南部，遍布云南红河哈尼族彝族自治州的元阳、红河、绿春三县及金平苗族瑶族傣族自治县，其中又以元阳县的梯田最为有名。

6月的一天，一群游客来到元阳县。车行在路上，向导讲起了哈尼梯田的历史：早在春秋战国时期，哈尼族先民便在所居住的"黑水"，即现在四川省的大渡河、雅砻江、安宁河流域开荒屯田种植水稻，到唐宋时期，哈尼人的稻田耕作已经达到了相当高的水平，南宋著名诗人范成大在游历哈尼稻田后写道："仰坡岭坂之上，沟壑之间，漫山遍野皆田，层层而上，至顶，名梯田。"这篇游记的内容使哈尼族的稻田第一次有了正式名称——梯田。

"快看，梯田！"不知谁喊了一声，大家纷纷看向车窗外，只见道路两旁全是层层叠叠的梯田，像堆积木一般向上延伸。它们随山势地形的变化而变化。山坡陡峭，梯田随之卷曲；山坡舒缓，梯田亦随之舒展。可以说，每一块土地都被利用到了极致，缓坡地被开垦成大田，陡坡地被开垦成小田，就连沟边坎下的石隙间也有稻田。梯田大者面积数亩，而小者仅有簸箕大小，它们成片成层排列，井然有序，直入山顶的云雾之中，仿佛登天的青云梯。

在向导的带领下，游客们迫不及待地来到一处叫"老虎嘴"的梯田观景区。站在高高的山顶往下俯视，只见下方的梯田大气磅礴，仿佛碧浪涌动，近百个田棚点缀其间，仿佛茫茫大海上的小舟。从"老虎嘴"下来，游客们去了多依树梯田景区，这里三面被大山环绕，大片梯田分布在三座大山间，从山脚一直延伸到山顶，梯田的上半部分舒缓，下半部分则陡直如削，气势恢宏，蔚为壮观。

壮观的梯田

▶▶▶ 天时地利造就奇迹

　　参观过哈尼梯田后，几乎所有人心里都会涌起这样的疑问：哈尼族的人们是如何"雕塑"出这样壮观而又美丽的杰作来的呢？

　　在哈尼族古老的传说中，流传着大鱼创造天地万物的故事。

　　混沌初开时分，一条大鱼吐出泡泡，于是便出现了天和地。它吐出第二个泡泡时，地球上便出现了第一对人，男的叫直塔，女的叫塔婆。这两人结为夫妇，一共生了22个娃，其中三娃是龙，龙长大以后到海里当了龙王，为感激父母的养育之恩，他向直塔和塔婆敬献了三竹筒东西，其中一筒里盛的是水稻种子。直塔和塔婆在大山上开垦出稻田，并利用龙王喷洒的雨水精心种植这些种子，经过子子孙孙的努力，便形成了今天千岭万壑的梯田。

　　这只是个传说而已，其实哈尼梯田的形成是由当地的地形、气候、水源等诸多条件决定的。

　　第一是地形。哈尼梯田所在的云南南部地区绝大部分都是山地，这样的山地陡坡不易耕作，要种植水稻等粮食作物，就必须把陡坡改造成良田，这是哈尼梯田形成的重要基础。第二是气候。梯田区的年平均气温是 18 ℃～20 ℃，年日照时间 2 000 小时以上，这样的气候条件非常适合水稻生长。第三是水源。种植水稻需要大量的水，这里的河谷区水

汽蒸发旺盛，白天水汽蒸发随热气团上升，在高山区遇到冷气团后，就会冷却凝聚成浓雾和充沛的降水，从而为水稻种植提供了充足的水源。

人与自然和谐共存

有了种植水稻的天时地利条件，但要在陡峭的山坡上开垦出稻田并解决水渠灌溉的问题并不容易。

种植水稻的梯田

人们想了个好方法：首先是找地开田。他们找的都是不怕风吹，向

阳、平缓、终年保水的肥沃山坡，先把坡地开成台地，种三年的旱地作物，再垒出田埂放水把它变成梯田。接下来是挖筑沟渠。古时候没有现代机械，在挖沟时遇到绕不开的巨大岩石，他们就利用热胀冷缩的原理炸开石头——在岩石上堆放许多干柴，点着干柴把石头烧红，再用竹筒背来冷水浇上去，石头就会炸开。然后挖成沟渠，梯田用水就得到了解决。最后是平整田地。水稻种植要求田地十分平整，但古代没有测量的仪器，人们利用放水平田的办法，很好地解决了这个问题。可以说，这些都是哈尼族祖先智慧和创造精神的表现。

在开垦梯田的同时，哈尼族人严格遵循着人与自然和谐发展的理念，他们以树为守护神，将林木细分为神树林、村寨林、水源林，他们决不允许破坏这些树林，一旦有人违规，必遭严厉惩罚。

在千百年来小心翼翼地呵护和守卫下，哈尼梯田周围的森林始终郁郁葱葱。这些森林就是一片片巨大的天然绿色水库，涵养的大量水分在高山上形成无数条小溪、清泉、瀑布，从而为梯田灌溉和人畜用水提供了源源不断的甘霖。

大地上的"龙眼"

郁郁葱葱的山顶上，覆盖着洁白耀眼的积雪，一圈碧蓝色的水环绕其中，与中央的雪丘构成奇特的形状，从空中看下去，好似传说中巨龙的眼睛，令人感到神秘又诡异。

这个"龙眼"是如何形成的呢？咱们一起去看看吧。

神秘的"龙眼"

47

无人机拍到的"龙眼"

八幡平山是位于日本本州岛东北部的台地型火山，它横跨日本岩手县和秋田县。这里原始森林郁葱茂密，风景宜人，特别是山顶附近的草甸上，生长着各种各样的高山植物，一到春秋季节，漫山遍野的花儿竞相开放，每年都会吸引大量游客前往观光旅游。

有一年6月初的一天，一个名叫井山的年轻人携带无人机来到八幡平山下，准备用无人机从空中拍摄地面的各种景物。他在山脚下调试好无人机，然后发出指令，无人机冉冉升空，与此同时，机上安装的高清摄像机开始工作，将拍摄的画面传到电脑上。

无人机慢慢向山上飞去，鸟瞰下面的世界，只见山脚至山顶一带林木葱茏，生机蓬勃。此时虽然已是夏季，但由于这里纬度较高，再加上八幡平山海拔有1600多米，所以部分地方仍可看到残留的积雪。

不一会儿，无人机便飞到了山顶上空，这里残留的积雪更多。无人机一边飞行一边拍摄，当井山看到电脑画面中出现的奇异景象时不由得睁大了眼睛。原来，他看到山顶上有一处覆盖着一大片白雪，积雪中环绕着一圈碧蓝色的水，形成白雪套着碧水、碧水又套住中间雪丘的情景，从空中看下去就像是一只巨龙的眼睛。

无人机继续在山顶上空飞行，井山又看到了几个类似的"龙眼"，

它们或大或小，有的环形圈十分完整，有的则只有大半个，仿佛巨龙正闭眼酣睡。

"天哪，这真是太不可思议了！"井山感叹道。他将无人机拍摄的照片和视频上传到了网络，引起了人们的广泛关注。

人为制造的景观？

"龙眼"是怎么形成的呢？

有人认为，这可能是当地为了吸引游客，人为制造的一种景观。如果人们在雪地上融化出一圈积水，便可以形成这样的图案，不过人为制造的景观肯定会留下蛛丝马迹。而事实上，当地人从未制造过这些"龙眼"图案。

还有人认为，这些"龙眼"可能是大型飞行器碾压出来的轨迹。这种说法似乎有一定的道理，比如汽车碾过雪地时，会在雪地上留下两道深深的轨迹，而比汽车重得多的飞行器，如直升机，在雪地上留下的轨迹会更大更深。人们猜测，这很可能是运送游客的直升机造成的——直升机飞到山顶后，降落在山顶的雪地上，把雪地碾压出一道道轨迹，融化的雪水流到这些轨迹里，于是便形成了"龙眼"的图案。

不过，有人指出直升机不可能碾压出环形轨迹，更重要的是，去八幡平山景区的游客都是自己走路上山，根本就没用直升机运送过游客。

49

因为八幡平山是火山喷发后形成的，所以有人认为，"龙眼"是地下岩浆活动导致的。一般情况下，火山喷发停止后，地下的岩浆活动并未停止，它们就像一大锅沸腾的水，随时都想往上冒。"龙眼"的下面很可能有一圈环形地缝，岩浆的热气从中冒出来，将上面的积雪融化成水。不过，这种说法更不靠谱，因为岩浆热气一旦从地缝中冒出来，不但会将积雪全部融化，也会导致周围的植物枯萎甚至死亡。

▶▶▶ "龙眼"形成的真相

那么，八幡平山上的"龙眼"是怎么形成的呢？经过专家实地考察和分析，发现这是由于地形差异造成的。

原来，"龙眼"所在的地方是一个个地势低洼的沼泽湖，这些湖泊有一个共同特点，就是呈椭圆状，并且湖心一带堆积了许多泥炭，因而比湖面要高一些，有的湖心甚至有突起的泥丘。冬季，大雪把整个八幡平山覆盖起来，冰冻的沼泽湖上也堆积了厚厚的积雪。春末夏初，气温回升，山上的积雪融化后，大片的树林、灌木、草地露出来，但山顶沼泽湖及其周围一带由于气温低，积雪厚，所以仍然被皑皑白雪覆盖着。

然而，再厚的积雪也挡不住夏天的火热，渐渐地，沼泽湖的积雪也开始消融，这些融化的雪水一点儿一点儿流进湖里，在低洼处汇集

融化的沼泽湖

起来，慢慢形成了一圈碧蓝色的湖水，而此时湖心及湖泊四周的积雪尚未完全消融，所以便形成了白雪套着碧水、碧水又套住湖心雪丘的"龙眼"模样——如果时机恰到好处，湖心的雪丘部分会融解形成小圆坑，与外圈的大环组成环中环，从空中看便像一只睁着的眼睛，有人称其为"龙开眼"。

不过，这种现象持续的时间并不长，随着积雪进一步融化，"龙眼"很快就会消失。八幡平山的"龙眼"奇景只在每年5月下旬至6月初的雪融期间短暂出现，它们称得上是大自然的杰作了。

赤道上的大山戴雪帽

　　众所周知，赤道地区属于热带，一年四季天气炎热，气温很高。不过，有一座位于赤道上的大山却很特别，它不但时常雪花飘飘，而且山顶终年积雪，令人倍感惊奇。

▶▶▶ 一座赤道上的大山

　　这座赤道上的大山就位于南美洲的厄瓜多尔。

　　由于赤道横贯厄瓜多尔的北部，厄瓜多尔被称为"赤道之国"。在这个盛产牛羊、谷物、马铃薯、水果和纤维植物的国家里，有一座让当地人引以为荣的大山——钦博拉索山。这座大山是一座休眠火山，它是一个外表呈圆锥形的大家伙，上面有许多火山口，山顶上终年白雪皑皑，数条冰川垂到山腰，形成美丽壮观的自然景色。

　　钦博拉索山下面的山谷里，村庄周围玉米苗的绿叶在微风中轻轻摇曳，牛羊在山坡上撒欢儿，一切是那么和谐美好。往上走一些，另一种不同的风光随之出现了——森林葱郁，山泉潺潺，偶尔一条白亮亮的瀑布挂在山间，水声轰响如雷；鸟儿在山林中嬉戏，欢快歌唱；山崖绝壁

钦博拉索山

间，小动物矫健的身影不时出现。越往上植被就越稀疏，气温也越来越低。到了海拔大约4 600米处时，一道美丽的雪线出现了。这个高度以上，整个山峰都被终年不化的冰雪笼罩起来，好似大山戴了一顶雪帽。积雪在阳光的照射下，发出耀眼夺目的光芒，令人很难相信，这里是常年被阳光直射的赤道地区。

距离地心最远的山

钦博拉索山的最高峰海拔为6 310米，和世界最高峰珠穆朗玛峰相比，钦博拉索山的海拔低了2 500多米。不过，如果从地心开始计算，钦博拉索山称得上是世界上最高的山，这是为什么呢？

原来，地球并不是标准的圆球形，它是一个椭球体，赤道地区地壳比其他部位要厚一些。钦博拉索山是地球上地壳最厚的地方，根据测算，它的顶峰距离地心大约6 384千米，而珠穆朗玛峰的峰顶距地心的距离大约6 382千米，比钦博拉索山少了大约2千米！

山顶终年积雪之谜

钦博拉索山上的皑皑白雪终年不化，山顶积雪在阳光照射下发出夺目光彩，人们远远的就能清晰地看到这一壮丽景色。

几乎每一个到厄瓜多尔旅游的人，头脑中都会出现这样的疑问：位于赤道地区的钦博拉索山上，积雪怎么会终年不化呢？

是啊，赤道地区是地球上最热的地方，那里"赤日炎炎似火烧"，怎么可能下雪呢？原来，奥秘就在钦博拉索山身上。大家都知道，山上比山下冷，而且山越高，山顶的气温就越低，上下温差也越大。在12千

赤道上的大山戴雪帽

山顶上终年积雪

米高度以下的对流层内，气温随高度的增加而降低，一般每增加 1 000 米，气温会下降约 6 ℃。按照这个规律计算，钦博拉索山山顶的气温要比山下低 20 ℃～30 ℃，所以即使山下酷热难耐，山顶也会非常寒冷。

事实上，地球上其他位于赤道地区附近的高山，也和钦博拉索山一样山顶终年积雪、寒冷异常，比如处于非洲卢旺达边境处的卡里辛比火山，山顶也终年有冰雪覆盖。

万鳄之湖

　　鳄鱼是地球上最凶猛的食肉动物之一，而非洲尼罗河鳄鱼更是以硕大的体形和残暴的攻击行为令人胆寒。如果在一个湖泊中生活着10 000多条尼罗河鳄鱼，那会是一种什么样的景象呢？

　　这个可怕的地方，就是非洲赫赫有名的万鳄之湖——图尔卡纳湖。

尼罗河鳄鱼

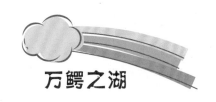

沙漠里的碧玉湖

图尔卡纳湖位于非洲肯尼亚的西北部。肯尼亚可以说是野生动物的家园，那里绿草遍野，一望无垠，生活着成千上万的动物。不过，肯尼亚的北部却是一个噩梦般的地方。

如果乘坐飞机穿越肯尼亚北部地区，你一定会为造物主的残酷和不公感慨不已。这里的土地极度干旱，沙漠茫无涯际，到处是一片荒凉的景象，几乎没有任何生物在这里生存。飞机继续向前飞行，在茫茫荒野

荒野中的湖泊

上就出现了一片醒目的蓝绿色，仿佛是镶嵌在沙漠里的一颗宝石。随着距离越来越近，这片蓝绿色的面积越来越大，终于，一个美丽的湖泊出现在眼前。

这个蓝绿色的湖泊就是非洲著名的内陆湖泊——图尔卡纳湖。它的面积约为 6 405 平方千米，不仅是肯尼亚最大的湖泊，也是世界上最大的咸水湖之一。

图尔卡纳湖里生长着大量蓝藻，它们漂浮在水中，使得整个湖面呈现出蓝绿可人的颜色。站在湖边，微风轻拂，湖面碧波荡漾，让人恍若置身梦幻境界之中。湖中还有三座小岛点缀在碧波之中，看上去美不胜收。

不过，在这个美丽的湖中却游荡着一个个可怕的恶魔，在湖岸边也趴着很多晒太阳的这种庞然大物——非洲尼罗河鳄鱼。

▷▷▷ 尼罗河鳄鱼的身世之谜

尼罗河鳄鱼是非洲最大的爬行动物，它们的体长一般有 5～6 米，体重可达一吨。凶猛的尼罗河鳄鱼不但会攻击角马、河马等大型食草动物，有时甚至也会对人类发起攻击。

太阳升起时，图尔卡纳湖的岸边便趴满了晒"日光浴"的尼罗河鳄鱼，它们张着大嘴，面目狰狞；在湖里，也不时会看到尼罗河鳄鱼游动的身影。图尔卡纳湖的尼罗河鳄鱼数量庞大，据统计有 10 000 多条。

你可能会问：这么多尼罗河鳄鱼是从哪里来的呢？

尼罗河鳄鱼一般都生活在尼罗河及其支流里，而图尔卡纳湖是一个独立的湖泊，四周是茫茫沙漠，这些鳄鱼想穿过沙漠到达这里，估计很快就会被高温烤成鳄鱼干了。

要解开尼罗河鳄鱼的身世之谜，就要先弄清楚图尔卡纳湖的来历。

翻开图尔卡纳湖的"家谱"，你会惊讶地发现，这个湖泊的来历并不简单，它形成于几千万年前，人类的远祖也曾在这个湖边生活过，他们在这里捕鱼、狩猎，并从这里慢慢走向其他大洲，因此，这个湖泊还被称为"人类的摇篮"。

通过考察后发现，较早时，图尔卡纳湖是和尼罗河连在一起的，也就是说，图尔卡纳湖是尼罗河的上游湖泊。那个时候，尼罗河鳄鱼便顺着河道，来到了这个湖里生活。后来，气候发生了变化，变得越来越干旱，湖水不断被蒸发，连接图尔卡纳湖和尼罗河之间的河道随之中断，取而代之的是大片沙漠。尼罗河鳄鱼再也回不到尼罗河里去了，它们不得不世世代代在这个湖里"定居"下来。

鳄鱼食物来自哪里

尼罗河鳄鱼体形巨大，它们的食量也十分吓人，一条成年尼罗河鳄鱼一顿可以吃下几十千克的肉。它们的胃液酸性极强，动物的骨头和皮

毛都会被消化得一干二净。饱餐一顿后，它们可以很长时间都不用进食，但 10 000 多条鳄鱼要生存下去，必须得有大量的食物。

那么，这些鳄鱼的食物从何而来呢？

原来，图尔卡纳湖的周边虽然极其荒凉，但湖里却是另一番景象。这里盛产尖吻鲈、虎鱼、多鳍鱼等鱼类，特别是尖吻鲈可以长到大约 2 米，体重可以达到上百千克。正是它们的存在，为尼罗河鳄鱼提供了丰富的食物来源。

尖吻鲈

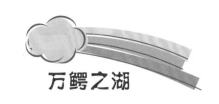

那么，图尔卡纳湖里的鱼又是吃什么长大的呢？原来湖中的很多鱼以蓝藻为食。由于图尔卡纳湖的湖水中含有丰富的矿物质，十分适合蓝藻生长，因此蓝藻在这里铺满了整个湖泊，这为一些鱼及其他水生生物提供了丰富的食物来源，而食肉的鱼又以小鱼为食，从而形成了一条完整的食物链。

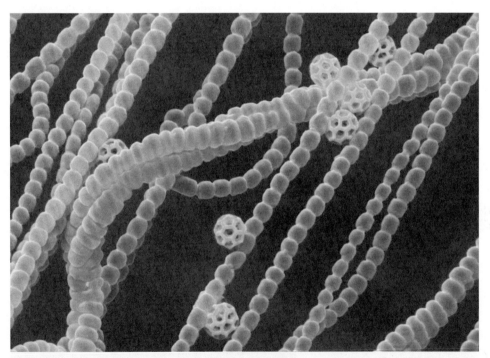

电子显微镜下的蓝藻

受全球气候变暖的影响，图尔卡纳湖的水位正以每年 30 厘米的速度下降，这使得湖水的碱性和含盐量越来越高。科学家指出，如果水位持续下降，尼罗河鳄鱼的生存必将受到影响。

水母之湖

　　水母是一种水生浮游动物，长长的触手中含有毒素，有的水母甚至会蜇人。如果与密密麻麻的水母一起游泳会是怎样的感觉？你可能会说："那一定非常恐怖！"

　　不过，在太平洋的帕劳群岛上，有一个水母湖，湖里生活着很多水母，若你与它们一起游泳，肯定不会受到任何伤害。

帕劳群岛

一个神奇的湖泊

如果乘飞机来到帕劳群岛，从上空俯视，水母湖与其他湖泊并没有什么区别，它在周围热带丛林的环绕下，像一面镜子。不过，当人们来到水母湖边，特别是游到湖中时，就能体会到别样的神奇了。

水母湖的面积达 5.7 万平方米，水深 30 米左右。湖水不足为奇，奇怪的是，湖里漂浮着密密麻麻的水母。据估计，在这个湖里生活的水母数量超过了 1 000 万只。它们主要有两大类，即黄金水母和月光水母。黄金水母散发着淡淡的橘黄色光芒，而月光水母则是近乎透明的。它们共同在水母湖里生活，形成了罕见的奇观。

在湖边，你会碰触到一个个柔软的东西，它们轻轻抚过你的身体，动作是那么轻柔。当你潜入水中，只见数不胜数的"舞者"漂浮在水中，仿佛是从湖底深处款款而来的仙子。越往深处游，"舞者"越多。当它们从湖中渐渐漂浮到水面上时，整个湖面都布满了这些神奇的小动物，远远看去，仿佛是一大碗银耳汤。这些小动物都是水母，它们有大有小，有的呈橘黄色，有的呈透明的浅白色。大的水母，人们用双手都无法将它合拢；而小的水母，则像个小气泡般在水中慢慢升腾。所有的水母都张开像降落伞一般的身体，在水中一鼓一鼓地游动。

不可思议的是，这些水母都与人为善，从不蜇人。

水母湖

水母湖的传说

　　水母一般都含有毒素，一旦不幸被它们蜇到，人就会感到刺痛并出现红肿，如果被很多水母同时蜇到，那肯定会痛不欲生。但水母湖中的水母却从不蜇人，反倒是一些粗心的游客让它们"受伤"。

　　为什么这个湖中的水母不蜇人呢？而且，数量如此庞大的水母来自何方呢？

水母之湖

当地有一个传说：每当月圆之时，天神帕劳就会从天上飞到人间，并到这个小岛的湖泊中洗浴。帕劳每次洗浴，都会从海中捞一些水母放到湖中，让它们帮自己擦洗身体。天长日久，湖中水母越来越多。有一次，帕劳又到湖中洗浴时，一只水母不小心蜇了他一下。帕劳十分生气，他用法术将水母的刺细胞连同毒素一起全部消除了。从此以后，这个湖中的水母便再也不会蜇人了。

当然，传说只是人们想象的而已。水母湖所在的帕劳群岛，位于菲律宾以东约800千米处。帕劳群岛是个很奇特的地方，它周围的海面时常波澜不兴，看上去十分平静。不过，这里却是台风的"老家"，不少台风在这里"诞生"，然后在漂泊中成长壮大。每年到了台风肆虐的季节，我们收听收看天气预报时，常常会听到"今年第几号台风生成于菲律宾以东洋面"，这里的"菲律宾以东洋面"，很多时候便是指帕劳群岛附近。

有人据此推测，水母湖里的水母不会蜇人，可能与经常出现的台风活动有关。形成台风最基本的条件是洋面海水的表面温度相对较高，而海水温度高，水母就会不适应，甚至会因此大批死亡，因此它们就逃到了小岛的湖泊中。由于长期在湖水中生活，水母的毒性就渐渐消失了。

不过，这种说法并不能使人信服，因为水母湖和大海之间并无水道相连，海洋中的水母不可能"空降"到湖中。

地壳运动造就水母湖

要弄清这些水母的"身份"，必须先弄清水母湖是如何形成的。

科学家在帕劳群岛上考察时发现：水母湖是帕劳群岛上的一个内陆湖泊，这里四面环山，与海水完全隔绝，不过，在1.2万年以前，这里曾经是大海的一部分。这是怎么回事呢？

很久以前，水母湖所在的区域原本与大海相连，后来海底地壳出现了剧烈的运动，巨大的能量使得帕劳群岛周围的海床逐渐升高，它们露出海面并成为岛屿的一部分。水母湖所在的海底凹地，也慢慢与外海隔绝，成了一个内陆咸水湖。

新的湖泊诞生后，在炎炎烈日照射下，湖水不再像海水那样清澈湛蓝，而是呈现出暗绿色。由于没有充足的水分补充，湖内的养分日益减少，天长日久，很多原本生活在湖中的海洋生物再也无法生存，逐渐消亡，而低等的、靠少量微生物就可以存活的水母生存了下来。

湖中的水母主要依靠海藻维生，水母湖中有足够的食物供它们食用。水母在这里大量繁殖，成为湖里真正的主人。

当然，水母能在湖中大量繁殖，也与当地人对它们的"视而不见"有一定关系。因为海洋中能捕捉到各种鱼虾，所以帕劳人对这些水母无丝毫侵扰，加上当地没有环境污染，所以水母得以发展壮大。

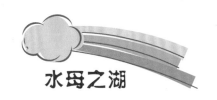

湖中的水母以海藻为食

那么，水母不蜇人的原因是什么呢？科学家进一步考察发现，水母湖中的水母不但不会蜇人，而且它们的体内也没有毒素。之所以如此，是因为这里的水母没有天敌和危险，它们生活得逍遥自在，与生俱有的防御本领便一点一点地退化了。

荧光之湖

一个美丽宁静的湖泊，却在夜晚发出幽蓝色的光芒，人们到湖中游泳后，身上也会染上一层蓝色的荧光，看上去非常美妙。

这个湖泊为什么会发光呢？湖水中到底含有什么神奇的物质呢？

荧光之湖

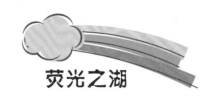

发光的神奇湖泊

　　这个神奇的湖泊名叫吉普斯兰湖，它位于澳大利亚维多利亚州东边的吉普斯兰岛上。吉普斯兰岛是一个美丽的岛屿，这里地貌多样，岛上不但有纯净的海滩，而且有宽广的湖泊和连绵的山脉。每年，吉普斯兰岛都以葱郁的丛林和美丽的海岸风光，吸引大批游人来这里度假。当然，游人来到这里，最重要的原因还是想体验一下吉普斯兰湖的神奇魅力。

　　吉普斯兰湖紧邻海滩，它的面积大约有10平方千米。白天，吉普斯兰湖与其他湖泊并无区别，湖水也没有什么奇异的地方。不过，曾经有一段时间，一到晚上，湖水便会发出蓝幽幽的神秘光芒，令人感到十分神奇。

　　湖水发光的现象最初是由一个当地人发现的。一天晚上，这个人偶然来到湖边，突然他发现湖水发出微微的蓝光，用手一撩湖水，水花闪烁，蓝光更加明显。他十分惊奇，随手又捡起一颗石子向湖中投去，随着水花溅射，蓝光像电光火石一般闪烁不停。这个人顿感诧异，赶紧拿出相机，拍下了这一梦幻般的情景。这些照片在网上发布后，很快引起了人们的关注。很多游人因此来到这里，他们在夜色中到湖里游泳，有人干脆仰躺着漂在湖水中，身上也有了一层蓝色的荧光，仿佛置身于神秘的蓝光世界中。

湖水发出蓝色的荧光

天上倒下的琼浆吗?

　　吉普斯兰湖为何在夜晚会发出蓝光呢？传说，这个湖原本不发光，有一天晚上，天神从这里经过时，被湖泊的美景深深吸引住了，他不由自主地停下脚步，一边喝着蓝色的美酒，一边欣赏美丽的夜色。可不知不觉，天神喝醉了，他手中的杯子倒了，杯中的酒全部倒进了清澈的湖水中，将整个湖泊染成了蓝色。从此之后，每到夜晚，湖水便发出蓝幽幽的光了。

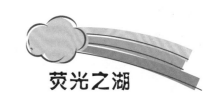

荧光之湖

夜晚的吉普斯兰湖湖水就像被荧光染料染过一般，发出幽蓝色的光芒，因此有人怀疑湖里被人为地倒入了某种发光涂料，用来警告那些想要下湖游泳的人。

那么，吉普斯兰湖的湖水是不是被涂料染成的呢？

发光涂料是一种工业原料，它的确会对人的身体造成一定程度的伤害，特别是人的眼睛若接触到涂料，会因刺激而出现流泪、刺痛等症状。但是，游人在吉普斯兰湖里游泳时，却丝毫没有感觉到不适。专家也指出，面积近10平方千米的吉普斯兰湖，如果要把湖水全部染成蓝色，至少得需要上万千克的涂料，而且，如果湖泊真是被涂料染成的，那么湖水肯定会有异味，也不可能有清澈的水质。所以，湖水是被人为染色的说法就不攻自破了。

排除了人为因素，有人猜测，湖水变蓝的原因有可能是湖里生活着大量会发光的鱼。

世界上真有会发光的鱼吗？答案是肯定的。近年来，科学家将水母的发光基因加入到斑马鱼的基因中，培育出了一种宠物鱼——发光鱼，这种鱼会发出奇异的亮光。此外，自然界中也偶尔出现过一些会发光的鱼，或是因一些会发光的细菌寄生在鱼的身体上，而出现的寄生发光现象。不过，不管是会发光的宠物鱼还是自然界中的发光鱼，它们的数量都很稀少，不可能在湖里大量繁殖。

原来是夜光藻大聚集！

吉普斯兰湖夜晚发光现象引起了人们的极大关注，通过对湖水进行采样调查，专家发现，原来湖水中含有一种发光性的生物——夜光藻。

夜光藻是一种能发光的藻类生物，它们长着圆球形的身体，常年在水中漂浮生活。这些小家伙的"身体"极其微小，人的肉眼很难看到它们。一般情况下，夜光藻的光亮不会太明显，但当它们受到刺激时，身体就会产生自然反应而发出较强的光亮。专家指出，吉普斯兰湖的湖水之所

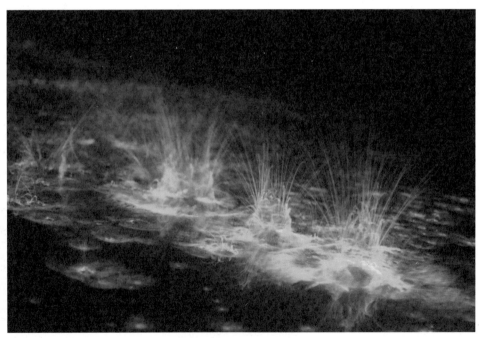

夜光藻导致湖水发出荧光

以夜晚发光，是因为这种藻类生物以罕见的数量出现在湖中，从而使整个湖泊变成了夜光湖。尤其是当它们受到惊扰时，就会发出更亮的蓝光。

那么，夜光藻为何会在吉普斯兰湖中大量聚集呢？

专家分析，这是因为之前有大量营养物质随河水进入湖中，为夜光藻的生存提供了丰富的"食物"来源，再加上气温十分适合夜光藻的繁殖，所以它们大量繁殖，很快将整个湖区占领。一到晚上，这些小家伙便发出蓝色的亮光，于是整个湖泊便成了蓝光闪烁的荧光湖。

玫瑰之湖

　　粉红色的玫瑰花你应该见过，但像玫瑰花一样粉红色的湖泊你见过吗？

　　在非洲的塞内加尔有一个世所罕见的玫瑰湖，它被誉为上帝赠给人间最好的礼物。

粉红色的湖泊

玫瑰之湖

一个粉红色的湖泊

　　玫瑰湖又叫雷特巴湖，当地人称其为"粉红湖"，它位于非洲大陆西端塞内加尔的佛得角。从地图上看，你会发现佛得角的地形十分奇特——它像一把尖钩从非洲大陆伸向浩瀚无际的大西洋，也就是说，佛得角的一边是漫漫黄沙，而另一边是碧蓝广阔的海洋。玫瑰湖就安卧在紧邻大西洋的沙丘旁。

　　若乘坐直升机从塞内加尔首都达喀尔出发，一路上，你看到的除了沙丘还是沙丘。因为塞内加尔位于撒哈拉大沙漠的边缘，气候干燥，降

玫瑰湖与大海近在咫尺

水量稀少，所以你看到的大多数地方都是漫漫黄沙。没多久，直升机来到了目的地的上空，从空中鸟瞰，一个非同一般的景象呈现在眼前。蓝色的大西洋近在咫尺，大海边的金色沙漠之中，静静地躺卧着一个椭圆形的湖泊。在阳光照耀下，粉红色的湖水看上去温馨、宁静，给人一种浪漫的感觉。

湖与海的距离是多么近啊，它们相距只有几百米，中间只隔着一道金色的沙滩。站在沙滩上，一边是碧蓝的海水，而另一边却是粉红色的湖水，海与湖都镶嵌着银白色的"花边"，仿佛是裙裾上的美丽镶边。海岸上翻滚的是白色浪花，湖边则是白色的盐晶，海与湖的色彩搭配是如此完美和谐，让人不得不发出感叹：大自然真是一个丹青高手！

▶▶▶ 粉红的湖水含盐量高

玫瑰湖的面积只有 3 平方千米左右，来到这里，你会发现当地人正有条不紊地忙碌着——粉红色的湖水中，有人正驾着小船不停地进行打捞；湖岸边，堆着很多白色的盐丘，人们正在翻晒盐粒。让人感到吃惊的是，一些游客竟然躺在湖面上，一边享受日光浴，一边轻松地聊天儿，他们的表情看上去舒适而愉悦。

咦，这是怎么回事？难道玫瑰湖也像死海一样是咸水湖吗？没错，玫瑰湖确实是一个咸水湖，湖水的盐分浓度还很高。因为湖水的含盐量

丝毫不亚于死海，所以人们平躺在湖面上，也不会沉下去。

湖岸边堆着盐丘

高盐度的湖水，不仅给游客带来了惊喜，也给当地人创造了财富。由于这里特别干旱，四周都是沙丘和岩石，无法种植庄稼，因此人们只能依靠晒盐为生。每天，人们吃过早饭，便相约来到湖边，大家站在齐腰深的湖水里，用一种特制的过滤工具捞盐，而另一些人则在岸边负责晒盐，或是将提炼好的盐运出去出售。每年，玫瑰湖可向塞内加尔国内和国际市场提供上千吨富含多种微量元素的湖盐。

揭开湖水变色的面纱

玫瑰湖粉红色的湖水一直吸引着好奇的人们，每年到这里旅游的人

77

玫瑰湖平常并不呈现粉红色

络绎不绝。不过，如果来这里的季节不恰当，玫瑰湖就会让人感到深深的失望，因为这时看到的湖水根本就不是粉红色的。

这到底是怎么回事呢？

原来，玫瑰湖的湖水并不是一年四季都呈现粉红色，很多时候，和一般的湖水颜色差不多，只在每年的 12 月至次年的 1 月期间，才会变成粉红色。此时荡舟湖上，只见湖水如玫瑰花般粉红鲜艳。一阵风拂过，湖面上波翻浪卷，粉红色的波浪看上去十分壮观。到了下午，气温进一步升高，湖水又由粉红色慢慢变成了紫红色。

玫瑰湖的水为何能变色呢？

　　原来，湖水中生活着一种被称为嗜极菌的微生物，这种微生物导致湖水呈现粉红色。它们能够在各种极端恶劣的环境下生存，而且有一个特性——嗜盐。这些微生物在玫瑰湖中旺盛生长，每年12月到次年1月，当干热风刮起之际，一些矿物质被吹到湖里，于是这些微生物便迎来了繁殖的高峰期。在阳光的照射下，这些微小的生物浮在湖面上大量繁殖，使得湖面呈现鲜艳的粉红色。阳光越强，气温越高，它们聚集得越多，湖水就由粉红色变成了紫红色。当干热风停止，矿物质不再被吹落到湖中时，这些微生物便结束繁殖，沉到湖底，于是湖水又恢复了正常的颜色。

嗜极菌使湖水呈现粉红色

大佛千岁终不老

　　在四川省乐山市有一尊距今约1 300年的石雕大佛，它背靠大山，面对大江，是世界现存最大的摩崖石像，这就是乐山大佛。

　　令人感到奇怪的是，这尊大佛任凭风吹雨打，至今仍然高高雄踞在江边。乐山大佛，为何经历了1 000多年依然"容颜不老"呢？

乐山大佛

大佛千岁终不老

乐山大佛是如何建造起来的？

乐山大佛从唐玄宗的开元元年开始凿刻，唐德宗贞元十九年建造完成，历时达 90 年。

大佛开凿的发起人，是一名叫海通的和尚。据说海通和尚是贵州人，他从小别乡离家，来到乐山的凌云山下当和尚。凌云山脚下是岷江、大渡河、青衣江三江汇聚之处。每年汛期时，乐山及其上游地区经常下暴雨，导致山洪暴发，洪水似脱缰野马，横冲直撞，冲毁大量农田。更可怕的是，三江洪水在凌云山下汇合后，常常激起数米高的大浪，将过往船只打翻，或是将船掀到崖壁上撞得粉碎。因经常有船只遇险，所以民间传说此处有水妖作怪。

为了"制服"江水，海通和尚立志开凿出一尊大佛来镇住水妖。为此，他四处化缘，经过多年的努力，积少成多，终于筹够了资金。开凿那天，老百姓全都跑来观看，一个个脸上露出了喜悦的神色。后来，海通和尚死后，他的徒弟带领工匠继续建造大佛，经过 90 年的努力，乐山大佛终于耸立在岷江、大渡河、青衣江的汇流之处。

乐山大佛通高 71 米，几乎与山一样高，他的大脚踏在大江岸边，双手放在膝盖上，神情肃穆。令人感到奇怪的是，从远处眺望大佛，会发现其所在地区的山形构成了一尊睡佛的模样，而大佛刚好位于睡佛的心

脏位置，这样的巧合真是十分奇妙。

今天，人们在欣赏这尊大佛的时候，都不禁会产生这样的疑问：经过了千年的时间，大佛是如何与大自然的风吹日晒抗衡的呢？

历经千年的大佛

乐山的复杂气候

乐山地区的气候十分复杂，空气湿润，雨量丰沛，这个地区的年平均降水量在 1 000 毫米以上。除了雨多湿度大外，乐山大佛所在的凌云山常年江风不断，潮湿的江风对大佛的侵蚀不容忽视。而且，雕刻大佛

大佛千岁终不老

的石山是石质密度较低的紫砂岩，这种岩石很容易被风化。但是，千百年来，徐徐的江风却没有对大佛构成"生存"威胁。

此外，乐山地区夏季时的阳光十分强烈，盛夏气温有时高达 35 ℃以上，炎炎烈日对大佛的炙烤更不用说了。而冬春季节出现的低温和寒潮，对大佛所在的山体影响也较大。

在如此复杂多变的气候环境下，当时的人们是如何保护大佛的呢？

乐山大佛刚建好的时候，人们曾经还修建了一栋 13 层的阁楼来保护大佛。可惜这座阁楼在几百年后，被明朝末年的战火毁坏了。如今在大佛两侧的山崖上还可以看到几十处孔穴，那就是当年建造阁楼时，安置梁柱的地方。

没有阁楼遮风挡雨，大佛便完全裸露在江边了。那么，是什么使大佛保持了"青春容颜"呢？

清代文学家王士禛曾咏乐山大佛"泉从古佛髻中流"。游览大佛景观时，你如果仔细观察，就会发现，大佛身上有一套设计巧妙的排水系统。在大佛头部共 18 层的螺髻中，第 4 层、9 层、18 层各有一条横向排水沟；大佛的衣领和衣纹皱褶处也有排水沟；两只耳朵背后靠山崖处，各有一个大洞穴，并且彼此相通。这些设计巧妙的水沟和洞穴，组成了科学的排水、隔湿和通风系统，保护大佛不被侵蚀风化。

但是，仅仅依靠这些排水和通风系统是远远不够的，那么，保护大佛的神秘"法宝"还有什么呢？

乐山大佛有很好的通风和排水设计

设计巧妙 "老天" 相助

原来，这一"法宝"便是当初在建造大佛时，充分考虑了气象因素。

气象专家介绍，乐山大佛所处的位置最大限度地避开了风吹、日晒和雨淋，

而且各气象要素之间相互作用和影响，使大佛受益匪浅。

首先，大佛所处的位置是三江汇合之处，三江的顺河风在这里成直角对吹，相互削弱，使得吹到大佛身上的江风并不十分猛烈，而且徐徐清风还有助于大佛排湿。其次，大佛的身体微微凹进山体里，再加上周围树木的遮挡，使其可以避开正午阳光的直接照射，但早晨和傍晚的阳光却能对其"全方位"照射，有助于大佛保持干爽。最后，大佛的身体高大陡峻，十分光滑，雨水在上面很难存留，再加上科学的排水系统，因此也在一定程度上延缓了其"衰老"的程度。在1 000多年前的唐朝，工匠们便能充分考虑气候的影响，并合理利用气候条件，不得不让人叹服。

当然，乐山大佛除了受到"老天"的特殊"照顾"外，人工的保护也至关重要。大佛曾经经历过几次较大的维修，特别是其入选《世界文化与自然遗产名录》后，更是受到了重要保护，因此，今天我们才能有幸看到这尊大佛依然高高雄踞在三江汇合之处。

不可思议的泡沫奇观

　　一场暴风雨过后，澳大利亚东部的一处海岸出现了不可思议的神奇现象——高达数米的白色泡沫被海浪推到沙滩上，形成绵延几千米的泡沫奇观，仿佛大雪覆盖着海岸，看上去十分震撼。

海滩上的泡沫景观

不可思议的泡沫奇观

泡沫覆盖了海岸

惊现大量泡沫的地方位于澳大利亚东部一处有名的黄金海岸，它由一段长约 42 千米的优质沙滩组成。由于沙子呈金黄色，在阳光照射下，整个海岸散发着金子般的光泽，因此得名为黄金海岸。这里气候宜人，日照充足，海浪险急，适合冲浪和滑水，每年都有大批游客来此冲浪和度假。

2016 年 6 月上旬，狂风暴雨接连袭击了澳大利亚东部地区，导致洪水暴发，很多地方被洪水淹没。暴风雨过后，居住在黄金海岸附近的人们惊奇地发现，海滩上竟然堆满了泡沫！

往日金黄色的沙滩不见了，呈现在眼前的是一片白茫茫的世界。这些白色泡沫被海浪推挤到岸上，几乎堆满了整个沙滩，仿佛铺了一层厚厚的积雪，而在海天相接的地方，海浪还在把更多的泡沫推拥过来。泡沫越来越多，堆积得越来越高，有些地方的泡沫竟高达 4.5 米，仿佛一堵高墙。

看到眼前的奇异景象，大家起初都十分惊讶，但很快便乐不可支了。有人拍照留念，有人抓起泡沫玩耍，而一些胆大者更是跳入海中，尽情享受起"泡沫浴"来。

不过，由于海上风浪很大，再加上这些泡沫来历不明，为了防止意

海滩上堆满泡沫

外发生，当地政府很快关闭了海滩，严禁任何人前往海边冒险。

鲸群吐出的泡泡吗？

这是怎么回事呢？这些泡沫来自哪里呢？它们是怎么形成的呢？

黄金海岸出现的这些泡沫引起了广泛的关注，人们纷纷猜测它们的"身世"。有人认为，这些泡沫很可能是海洋大型生物，比如鲸鱼吐出来的泡泡。

鲸鱼的一生都生活在海洋里，是地球上已知的体形最大的动物，整

不可思议的泡沫奇观

鲸鱼吐出来的泡泡

个身体像一座小山。鲸鱼的巨嘴堪比大门，一次可以吞进数吨鱼虾。这种海洋巨兽的大嘴不但会吃，而且还会吐泡泡。当它们集体捕食时，往往会先潜到深海，吐出一串串泡泡。这些泡泡浮上海面后，就会形成一个个气泡圈，把鱼群围起来；圈中的鱼惊慌失措，不知道该朝哪里逃跑，就在这时，鲸鱼们猛地游上来，张开大嘴大快朵颐。因此有人认为，黄金海岸出现的这些泡沫，很可能便是鲸群在附近海域捕食时吐出来的泡泡。

不过，这种说法很快便被否定了，因为鲸鱼吐出来的泡泡是气泡，它们就像肥皂泡一样，浮到海面后不久便会破裂，不可能被海浪推到海

滩上形成白茫茫的一片。

海啸带来的泡沫吗？

否定了鲸鱼吐泡之说后，又有人认为黄金海岸出现的这些泡沫很可能是海啸临近的一种征兆。

为什么海啸来临前，海面可能会出现冒泡现象呢？一种说法认为，当深海的海底发生地震并形成海啸时，巨大的能量推动深水向岸边涌来，会使近海的地层发生剧烈变化，迫使一些隐匿在海面下的气体"跑"出来，从而出现冒泡现象。另一种说法则认为，海啸来临前，巨大的能量搅动近海海底，将海底泥沙里含有的气体，如甲烷挤压出来，从而形成大量气泡并上浮。

但是，不管是哪种说法，黄金海岸出现的这些泡沫显然都不符合海啸的征兆。而且，地震监测机构并未监测到有海底地震发生，在泡沫出现后的很长时间内，当地也没有出现海啸。

原来是海水污染所致

那么，这些泡沫究竟是怎么形成的呢？一些科学家到这里考察后，终于揭开了泡沫形成的神秘面纱。

不可思议的泡沫奇观

原来，这些泡沫中都含有大量蛋白质。蛋白质是一种复杂的有机物，科学家指出，化学物质、死亡植物和腐烂动物都会分解出大量小分子蛋白质。当蛋白质溶于水后，在剧烈搅拌、晃动、振荡的情况下便会形成泡沫，这就像我们用力摇晃一杯牛奶时，牛奶表面会出现泡沫一样。

泡沫中含有大量蛋白质

知道了这个原理，黄金海岸出现的泡沫便不难解释了。

首先，连日的暴雨使得澳大利亚东部地区多处暴发山洪，洪水将陆地上的化学物品等有毒物质冲入海中，致使海水遭到污染，海中的细菌、绿藻、蓝藻等微生物大量死亡，它们的细胞破裂释放出许多蛋白质，再

加上洪水带来的陆上有机物和海里原有的物质，如死亡植物、腐烂鱼类等分解出的大量蛋白质，使得海里的蛋白质浓度升高，为泡沫的形成奠定了基础。

其次，由于强对流天气影响，黄金海岸所在的海域风浪极大，猛烈的大风掀起滔天巨浪，富含蛋白质的海水在剧烈搅拌和振荡作用下，很快便在海面上形成了许多泡沫。这些泡沫在大风和海浪的推动下涌向岸边，从而形成了难得一见的泡沫奇观。

据了解，在此之前，澳大利亚东部的其他海岸上也曾出现过这种泡沫，只不过规模都不是很大。科学家指出，一般情况下，海浪越大，形成的泡沫就越多，只有等到天气好转，海浪减小后，这些泡沫才会消散。

"花仙子"弄错季节

我们都知道，花儿大多是在春季开放。不过，在气候异常的情况下，本该春季盛开的花儿有时也会弄错季节。

梨花秋天盛开

雪白的梨花绽放枝头，微风拂来，花瓣如雨般纷纷洒落……

有一年的秋天，四川省有名的雪梨之乡——广元市苍溪县城郊的一座梨园里，出现了这样奇怪的一幕。人们置身其间，恍惚又回到了春天。

据当地果树专家介绍，不久前，梨园内的两棵梨树便开始开花，最初梨花只有几朵，后来花越开越多，渐渐整棵梨树都挂满了洁白的花，而离这两棵奇特的梨树不远处，则是一片挂满了黄澄澄梨的树林。秋果与春花同在一个季节出现，让人感到很诧异。

无独有偶，位于四川东部的遂宁市安居区常理镇大洞村，这年也出现过秋季梨花竞相绽放的景象。一场大雨之后，常理镇黄金梨基地的土地变得十分湿润，这时有人惊奇地发现，一棵梨树的枝头不可思议地绽放出了雪白的梨花，非常喜人。数天后，梨树接二连三地相继开花，成片的梨花十分显眼，而梨树下的地上，铺满了干枯的梨树叶。

梨　花

"花仙子"为何弄错了开花的季节呢？

原来，梨花反季节盛开，完全是反常的天气在作祟。这一年，广元和遂宁两地都曾出现了罕见的高温和干旱天气，特别是入伏后，更是出现了有气象记录以来最为严重的旱情。而入秋后出现的频繁降雨天气，为梨树的生长发育提供了足够的水分，于是梨树便出现了长新叶、开秋花的奇异现象。

桂花提前开放

桂花一般是在秋季开放，俗话说"八月桂花遍地开"，这里的八月是指农历八月，也就是每年的 9 月至 10 月。

不过，桂花也有提前开放的时候，比如四川省西部的雅安市，就曾经出现过几十年难遇的罕见景象。有一年的 8 月初，一场暴雨过后，几乎在一夜之间，市区里万余株桂花开放，繁花灿烂，香气扑鼻，景象十分迷人。

桂 花

桂花的提前开放，引起了市民的好奇，经过气象专家一番解释，人们知道了"花仙子"提前降临的原因。

这年雅安市气候比较异常，入夏后气温持续偏高，降水量不足常年同期的三分之一，是几十年少有的寡雨现象。8月初，受地面冷空气影响，当年的第一场暴雨降临雨城，使得饱受干旱之苦的万株桂花"痛饮"了一番，并将花期悄然提前了大约一个月。雨过天晴，人们惊喜地看到金黄色、米白色的桂花绽放枝头，大街小巷花香浓郁，沁人心脾，为久旱逢甘霖的雨城增添了一道喜人的风景。

梅花迟开的真相

在中国南方，梅花一般在12月便会开放，它们绽开苞蕾，将浓郁的清香洒满人间。然而有一年冬季，成都市的梅花却一反常态，迟迟不肯催蕊吐苞。2006年12月底，成都市市郊的蜡梅树树枝上挂满花蕾，但盛开者却寥寥无几，只能零星看到几朵淡淡盛开的花蕊。

"往年这时候蜡梅早就开了，今年不知是啥原因，花开得这么少。"市民们百思不解。

气象专家分析，造成梅花花期推迟的原因有两个：首先，这一年的夏秋两季，四川的平均气温比往年同期普遍偏高，特别是夏季，四川盆地遭遇了罕见的高温酷暑天气。在这场干旱天气中，许多地方都出现了

河水干涸、植物水分过度蒸发等现象，对植物造成了致命的伤害，不耐旱的梅花也未能幸免。高温干旱使得梅花树普遍营养缺失，发育不良，从而影响了梅花的正常开花时期。

其次，这年入冬后，四川盆地多暖阳天气，气温较高。俗话说"梅花香自苦寒来"，蜡梅的盛开与气温密切相关，喜欢的是冬天的风雪和低温。低温下，梅花开得才灿烂，但在融融冬日暖阳的照耀下，"梅花仙子"舒舒服服地睡起了安稳大觉，把催苞开花的大事忘到了九霄云外，从而导致梅花迟迟不开放。

梅 花

万燕"赶集"为哪般

傍晚来临，成千上万的燕子从四面八方飞来，热热闹闹地汇聚在一起"赶集"。密密麻麻的鸟影，喧闹不休的鸟鸣，带给人一种怪异的气氛。

燕子为何会聚集在一起呢？它们"赶集"的真正原因是什么呢？

燕子聚集在一起

万燕"赶集"为哪般

热闹的万燕"赶集"

在四川省绵阳市的涪城区，有一个叫永兴的小镇。小镇周围是大片青葱碧翠的稻田。2010年夏天，这个小镇曾经出现了一件令人百思不解的怪事。

从这年7月初开始，每天傍晚7点左右，一只又一只的燕子从四面八方汇聚到镇子附近的电线上。燕子的数量开始只有几十只，它们聚集

电线上站满了燕子

在一处，呼朋引伴，很快，成群结队的燕子陆陆续续赶来。燕子们有的站在高高的电线上，叽叽喳喳，摇头晃脑，仿佛在对整个"集市"评头论足；有的在附近的树上跳来跳去，高声鸣叫；还有的燕子在田垄上和秧田间忙进忙出，时而相互嬉戏，时而腾空飞跃。

燕子"赶集"现象一直持续到天色完全变黑，它们才安静地栖息在电线上，直到第二天早上天快亮时才飞走。然后傍晚时，它们又如约而来，喧闹声又在小镇上空响起。

万燕"赶集"的猜测

永兴镇万燕"赶集"的消息传开后，很快引起了热议。有人认为这种现象是天灾来临前的征兆。也有人认为万燕"赶集"，是当地生态环境好的一种表现。在绿地增多、生态环境得到改善的情况下，鸟儿们的生存条件大大好转，很多燕子从外地迁入，从而使当地出现了万燕"赶集"的现象。

不过，以上说法很快就被否定了。有人结合当地出现的虫害，认为是庄稼里虫害的暴发，引来了燕子们的集体"聚餐"。

2010年3月以来，四川盆地出现了持续的低温阴雨天气，十分利于稻田病虫害的蔓延，盆地部分地方因此暴发了大面积的庄稼虫害，位于盆地西北部的永兴镇也未能幸免。而燕子的主要食物正是危害庄稼的害

万燕"赶集"为哪般

虫，每只燕子一年可以吃掉几十万条害虫。专家认为，正是永兴镇稻田中出现的大量害虫，吸引了成千上万的燕子前来"聚餐"。

不过，永兴镇的燕子都是傍晚才来"赶集"，天亮时就会离开，"聚餐"之说似乎也难以成立。

那么，燕子"赶集"的原因究竟是什么呢？

气候异常是主因

燕子是典型的迁徙性候鸟，它们每年春天从遥远的南方飞到北方"安家落户"，一到秋季天气变凉，便飞回南方过冬。在回南方老家之前，燕子们都会携家带口，呼朋引伴，等到同伴和家人都到齐后，才成群结队地向南方迁徙。在等待迁徙的这段时间内，成千上万的燕子往往会形成"赶集"的壮观景象。

不过，7月正是四川盆地的盛夏季节，燕子们为何有"赶集"准备迁徙的行为呢？

原来，这与四川盆地3月至6月的气候异常有关。在这段时间里，四川盆地出现了温度持续偏低、雨天显著增多、日照明显偏少的现象，与常年同期相比，大部分地方的气温偏低。进入夏天后，盆地仍然"秋雨"绵绵，凉风习习，整日不见阳光。阴凉的天气使得燕子们误以为秋天已到，于是开始着手做迁徙的准备，它们"呼儿唤女"，招引同伴，从而出现

了万燕"赶集"的现象。

当然，后来随着四川盆地的气候逐渐正常，燕子们"赶集"的现象也就慢慢消失了。事实上，进入 8 月后，永兴镇燕子"赶集"的次数便越来越少了。

蝗虫大暴发

　　铺天盖地的蝗虫拍打着翅膀，像一片怪云笼罩着大地，所过之处，草木精光，庄稼无存，赤地千里，其景象令人震撼而又感到恐怖。

　　蝗虫为什么会大暴发呢？这种现象与气候之间有无必然联系呢？

大量蝗虫聚集

可怕的蝗虫大暴发

这场可怕的蝗虫大暴发始于中东地区。

2019年夏天，中东的也门东部至中部近一半的国土上，出现了大量蝗虫，它们漫天飞舞，景象触目惊心。当地人和蝗虫展开了一场惊心动魄的较量，"灭蝗战争"持续到12月，蝗虫不但没有被消灭，反而越来越多，并且蔓延到了也门西部的重要粮食产区，将农民一年的辛劳抢劫一空。

蝗虫大暴发

就在也门遭受蝗灾的同时，东非的肯尼亚、埃塞俄比亚、索马里、乌干达、坦桑尼亚等国家也暴发了大规模的蝗虫灾害。从2019年12月到2020年2月，蝗虫数量呈爆炸式增长。据联合国粮农组织估计，此次蝗灾为70年来最厉害的一次。蝗虫大军以集群的方式向前推进，远远看去，就像一股浓烟在平原上冉冉升起。当它们来到面前时，恐怖景象仿佛世界末日来临——数十亿只蝗虫漫天飞舞，遮挡住天空，大地瞬间一片昏暗；蝗虫拼命拍打翅膀，像暴风雪一样向前行进，它们争先恐后地落在青草上，落在树叶上，落在庄稼上，瞬间，地面上的所有植物便被啃噬一空。

不仅在也门和东非的一些国家，亚洲西南部的巴基斯坦、伊朗等国家也遭到了蝗虫军团的袭击。蝗虫群几乎覆盖了巴基斯坦全境，农作物受灾严重，巴基斯坦政府不得不宣布全国进入紧急状态，以抗击这场可怕的蝗灾。蝗虫大军还入侵印度的大片地区，导致大范围的农田受灾，损失巨大。

蝗灾的严重危害

蝗灾由来已久。古时候，它与水灾、旱灾并称三大自然灾害。每当蝗灾发生时，庄稼尽毁，赤地千里，给人们带来巨大的损失。

这场可怕灾难的制造者，并不是我们平时所见的普通蝗虫，而是一

种通常栖息在沙漠地区的短角蝗虫，也称为沙漠蝗虫。沙漠蝗虫是全球公认的最具毁灭力的迁徙性害虫，它们不但繁殖力很强，一年会繁殖两到五代，而且集结形成的蝗虫群能够迅速飞到很远的地方。更可怕的是，这些家伙食量惊人，一只沙漠蝗虫每天要吃掉与自身体重相当的食物。它们几乎什么都吃，蝗虫群所过之处，什么都没有了。庄稼和牧草被扫荡一空，等待人们和牲畜的将是可怕的饥荒，很多人将面临严重的生存危机。

沙漠蝗虫

蝗虫为何会大暴发

　　蝗虫原本是一种独居昆虫，它们不喜欢群居生活，有时候甚至会主动躲避同类。不过，当蝗虫繁殖时，它们就会改变生活习性，大量聚集在一起形成可怕的蝗灾。

　　一般情况下，蝗灾的发生多与干旱气候有关。干旱时的高温能促使蝗虫幼虫生长发育，并增强成虫的繁殖力，另外，干旱时降雨较少，土壤比较坚实，也有利于它们大量产卵。但是，降雨对蝗虫的影响也会因

干旱气候下蝗虫会大量繁殖

地区、种类而有所差异，对生长于北非、中东等沙漠干旱地区的蝗虫来说，降雨可促进它们的繁殖。

气象专家研究发现，2019年是北非地区比较潮湿的一年，由于热带气旋挟带大量水汽进入该地区，这一年北非出现了多次强降雨天气。专家认为，沙漠蝗虫大暴发与这些降雨密切相关。首先，降雨有利于沙漠蝗虫卵的孵化，这些几乎同时期孵化出来的蝗虫，很容易聚集在一起形成蝗虫群。其次，降雨会促进沙漠植被的生长，这为孵化后的蝗虫幼虫提供了充足的食物，有利于它们存活和生长，从而形成铺天盖地的蝗虫群。

蝗虫群如此可怕，那么如何才能消灭它们呢？

国际上普遍提倡的是可持续治理或预防性治理，即针对蝗虫的特性加强监测，对蝗灾发生的时间、地点与暴发程度进行及时有效的预警，通俗地说，就是早发现、早行动，把蝗灾消灭于萌芽状态。若错过了早期防治，蝗虫群形成后，只能从空中喷洒化学杀虫剂消灭它们。若没有采取积极措施进行消杀，蝗灾将会波及更广阔的地区，并有可能演变成一场耗时数年的灾难。

海星大入侵

数不胜数的海星出现在近海的海底，它们大肆狂吃蛤蜊和牡蛎，所过之处，人工养殖的蛤蜊、牡蛎所剩无几，令渔民欲哭无泪，心痛不已。

海星为何会大规模入侵近海呢？

海　星

海星入侵胶州湾

胶州湾位于胶东半岛南岸，为半封闭的海湾。因为这里有南胶河、大沽河等河水注入，海水营养丰富，历来便是重要的水产区，每年渔民们都会在近海海底放养大量蛤蜊苗和牡蛎苗。

2021年春节刚过，一种当地罕见的海洋动物——海星大量出现在胶州湾。海星是棘皮动物，由于其形状像五角星而得名，它们大小不一，颜色多种多样，有的呈橘黄色，有的呈红色，有的呈紫色，有的呈青色，看上去五彩斑斓，十分美丽。不过，这些外表好看的家伙却是不折不扣的"杀手"——它们是十分贪婪的食肉动物，海中一些行动较迟缓的动物，比如蛤蜊、牡蛎、鲍鱼、海胆等，只要被海星盯上，往往难逃厄运。

大量海星入侵胶州湾，很快在当地引起了恐慌和不安。3月上旬，渔民们发现，海星越来越多，它们就像铺天盖地的蝗虫群一样，密密麻麻地铺满海底，肆无忌惮地吞吃人工养殖的贝类，蛤蜊、牡蛎等被吃得一干二净。面对一堆堆空空如也的贝壳，人们痛心疾首，同时又都困惑不解，好端端的，海星为什么要跑到近海来呢？

被天敌驱赶至此？

海星的栖息深度不小于 1 000 米，有些甚至生活在 6 000 米深的海底，一般情况下，它们很少跑到近海来觅食。

那么，这些家伙是不是被天敌驱赶到胶州湾近海来的呢？对此，有专家指出，这种可能性微乎其微。因为海星的天敌是鱼类，并且鱼类只会对幼年的海星构成威胁。因为幼年的海星防卫能力很弱，它们在海中浮游时，就容易被一些鱼类吃掉，但是海星长大后，鱼类便不吃它们了——成年海星不但十分强悍，而且具有极强的再生能力。

成年海星可以在海中横行霸道，恣意妄为，所以不存在被天敌驱赶之说。

海底的海星

深海食物链断裂？

　　一些人认为，这种现象有可能是海星原有的生态环境遭到破坏，深海食物链断裂，它们出于生计所迫，于是成群结队来到胶州湾觅食。

　　在海洋中，有一条完整的食物链，我们平时所说的"大鱼吃小鱼，小鱼吃虾米，虾米吃泥巴"，就是这一食物链的生动描述。当然，虾米也就是虾，它们不是吃泥巴，而是吃泥中的腐殖质和浮游生物。正常情况下，海洋中的食物链都能保持平衡，食物丰富，海星也不会到处瞎跑，但是当生活环境遭到破坏，比如海洋中出现赤潮时，食物链断裂，它们就会到处流浪寻找食物。

　　赤潮又称红潮，是海洋中的浮游生物如硅藻暴发性急剧繁殖而造成的异常现象。当赤潮出现时，海洋生态环境遭到破坏，鱼、虾、蟹、贝类会大量死亡。不过，黄海区域并未发生赤潮，海水也未受任何污染，所以这一说法也就被否定了。

原来是气候异常所致

　　那么，这些海星到底是怎么来到胶州湾的呢？专家经过详细了解，得到了一条线索。早在 2020 年底，有人便在胶州湾发现了海星的踪迹，

不过当时它们的数量不是太多，个头也很小，未对人工养殖的贝类造成威胁，所以未引起足够的重视和关注。

根据这条线索，再结合 2020 年冬季以来的天气气候特点，专家最终揭开了海星入侵的真相。原来，2020 年底至 2021 年 1 月初，胶州湾所在的区域接连遭到"霸王级"寒潮侵袭，特别是 2021 年 1 月初，气温出现大幅下降，当地最低气温下降至 -15.9 ℃，刷新了当地历史最低气温的极值。气温低，海水温度自然也偏低，而这种偏冷的海水对海星的繁殖极为有利。

专家指出，海星属冷水类动物，一般情况下繁殖力极其强大，但成

气候异常导致海星到近海捕食

活率却很低，不过，在偏冷的水温条件下，幼年海星的成活率会大大提升。它们出生后，从深海水域一路漂流，来到胶州湾近海水域"安家落户"。偏冷的水温对海星的繁殖生长有利，但对它们的天敌——鱼类却十分不利，由于受天气寒冷等因素影响，近海捕食海星卵及幼年海星的鱼类数量锐减，从而为海星数量的增长提供了可能。此外，海星具有向食物富集区聚集的习性，它们主要捕食贝类、海胆和海葵等，胶州湾作为贝类养殖区域，牡蛎、蛤蜊等为海星提供了充足的食物，也为海星的大量繁殖提供了环境基础。因此，是气候异常导致的大量海星在胶州湾近海的大量繁殖和生长。

红火蚁鸠占鹊巢

　　一种外来的凶猛蚂蚁——红火蚁在我国"安家"后，大肆繁殖，疯狂入侵，它们危害庄稼，毁坏草地，破坏生态，甚至攻击人和动物。

　　红火蚁为何鸠占鹊巢成公害呢？我们遇到红火蚁后该怎么办呢？

红火蚁

探秘红火蚁的老家

红火蚁是蚂蚁家族的一种特殊成员，它们体长 3～7 毫米，与普通黑蚂蚁有明显的差异。红火蚁的头部、胸部以橘红色和深红褐色为主，而腹部呈黑褐色，整体看上去，红火蚁就像一束束跃动的小火苗。

红火蚁的老家在遥远的南美洲巴拉那河流域。巴拉那河逶迤千余里，其流域大部分处于亚热带，那里雨水充沛，土地肥沃，物产丰富。红火蚁世世代代生活在沿河两岸，由于受天敌和气候环境制约，它们的数量一直控制在稳定范围内，并未给当地造成灾害。

从 20 世纪 30 年代开始，红火蚁开始入侵世界各地，此后在很多国家和地区都发现了它们的踪迹。至今，在我国的很多省份都已经发现了这种入侵物种。

小蚂蚁大危害

红火蚁被列为全球 100 种最具破坏力的入侵生物之一。它们的繁殖能力十分惊人，据统计，一个红火蚁的蚁巢一天就可以繁衍数十万只幼蚁。这些小家伙性情凶猛，食性复杂，往往给被入侵地区带来严重的生态灾难。红火蚁取食多种作物的种子、根部、果实，破坏幼苗，造成农作物产量

下降；它们毁坏灌溉系统，降低工作效率；它们侵袭牲畜，给养殖户带来严重损失；它们还攻击海龟、蜥蜴、鸟类等的卵，使这些动物的数量锐减，进而使生态环境遭到破坏。此外，红火蚁还会破坏城市路灯、电子仪器、交通信号等设施，造成电路短路或设施故障，严重危害公共和生产设施安全。

红火蚁的破坏力惊人

红火蚁甚至还会对人类发起攻击。它们不同于本地蚂蚁，受到惊扰会四处逃散，相反，这些家伙不但不怕人，反而会主动向人类发起攻击。因为其毒囊中有大量毒液，所以一旦被它们叮咬受伤后，毒液就会注入皮肤，使人出现灼痛、呼吸困难等症状，严重者在几分钟内就会休克，甚至死亡。

气候适宜天敌无扰

红火蚁的入侵主要有两种方式：一是自然扩散，即有生殖能力的红火蚁飞行或随洪水流动扩散，但这种传播不会传太远，也不会越洋跨海传到我国；二是人为传播，指红火蚁或它们的卵依附在苗木、花卉、草皮以及垃圾、包装物等物品上面，被人类无意中从一个地方运送到另一个地方，它们可能会通过飞机、轮船、汽车等进入异国他乡，并在那里"安家落户"。

红火蚁为什么会在我国大肆繁殖传播呢？

据专家分析，主要原因有三点：第一，气候条件适宜。红火蚁受气候影响较大，土壤温度过高或过低都不利于它们繁衍生息。一般情况下，红火蚁会在土壤表层温度10 ℃以上时开始觅食或产卵，当土壤温度达到19 ℃时，红火蚁表现得十分活跃，会不间断地到处觅食；而当温度达到24 ℃时，新蚁后会大量产卵并建立自己的新王国。除了温度，湿度对它们的影响也很大，土壤很湿或很干都不利于它们生存。专家观察到，我国遭受红火蚁入侵的地区，如广东、广西、福建等地的温度和湿度都非常适宜它们繁殖和生存，甚至可以说，新家园的气候条件比它们的老家南美洲更加适宜。

第二，缺少天敌制约。红火蚁的主要天敌是南美果蝇。在南美洲，

118

因为有果蝇的制约，红火蚁的数量始终能够控制在一定范围内，但在我国没有这些天敌的存在，所以它们的数量就会急剧增加。

第三，商品调运频繁。现在国与国之间的贸易往来密切，省与省之间、地区与地区之间的商品调运也很频繁，这给红火蚁的传播提供了可乘之机，导致红火蚁在我国部分省区的传播速度加快，一些地方甚至出现了蚂蚁围村、叮咬人畜的现象。

▶▶▶ 如何遏制红火蚁

红火蚁这么可怕，如何才能遏制它们呢？专家告诉我们，由于红火蚁在我国几乎没有天敌，所以要防止其大规模扩散，只能依靠人力进行。

首先，从源头上防控。要严格控制红火蚁发生区的物品外运，防止人为携带疫情外传。对外调的物品、运输工具进行严格检查及消杀红火蚁的处理，防止任何可能带有红火蚁及其虫卵的货物调出疫区，同时做好产地检疫工作。

其次，采用化学药剂进行控制。不过，化学药剂只能防治肉眼可见的蚁丘，由于许多新建立的蚁巢不会有明显的蚁丘，所以，化学药剂很难根除红火蚁。此外，还可以考虑"克星防治"方法，即引进红火蚁的天敌来控制它们的数量等。

专家还告诫我们，在日常的生活中，红火蚁与人的接触机会非常大，

蚁　丘

包括人口密集的住房、学校区域，以及户外的草坪都有可能遇到它们。为避免被咬伤，遇到红火蚁时要立即走开，不要停留。若不慎被红火蚁咬伤，程度较轻的可以用肥皂水反复清洗被叮咬部位；严重者必须及时就医，在医生的指导下进行治疗。